An Equation for Every Occasion
Simple Formulas for
Surviving the Unexpected

方程式之美

隐藏在万事万物背后的数学公式

（英）克里斯·韦林（Chris Waring）◎著
徐彬 黄芳 ◎译

化学工业出版社
·北京·

An Equation for Every Occasion: Simple Formulas for Surviving the Unexpected

First published in Great Britain in 2020 by Michael O'Mara Books Limited

北京市版权局著作权合同登记号：01-2021-0444

图书在版编目（CIP）数据

方程式之美：隐藏在万事万物背后的数学公式 /（英）克里斯·韦林（Chris Waring）著；徐彬，黄芳译. —北京：化学工业出版社，2021.8（2025.1重印）

书名原文：An Equation for Every Occasion: Simple Formulas for Surviving the Unexpected

ISBN 978-7-122-39265-7

Ⅰ. ①方…　Ⅱ. ①克…　②徐…　③黄…　Ⅲ. ①数学公式　Ⅳ. ①O1

中国版本图书馆 CIP 数据核字（2021）第 105839 号

责任编辑：郑叶琳　张焕强　　　　装帧设计：韩　飞

责任校对：刘　颖

出版发行：化学工业出版社（北京市东城区青年湖南街 13 号　邮政编码 100011）

印　　装：三河市双峰印刷装订有限公司

710mm × 1000mm　1/16　印张 10½　字数 122 千字　2025 年 1 月北京第 1 版第 3 次印刷

购书咨询：010-64518888　　　　售后服务：010-64518899

网　　址：http://www.cip.com.cn

凡购买本书，如有缺损质量问题，本社销售中心负责调换。

定　　价：59.80 元

前言

方程式与公式，对我们多数人来说，是小时候上数学课和科学课时了然于心的知识。但是，在你掌握了其中一些，并通过考试之后，你也许就把它们抛诸脑后了。现在它们就只是静静地待在你记忆深处，似乎对你的成长起不到什么作用。毕竟，靠一些基础的算术知识，你就能够安然度过大把的日子。即使你的确迫切需要计算，你手机里的计算器也能助你一臂之力。如果你真的需要某个方程式来解决问题，那么可能某个手机 APP、电子表格或一款软件就能帮到你。如今，为什么你会想要回顾这些恼人又没用的东西呢?

我们都知道，宇宙的运行遵循某些规律。我们称之为科学，并用数学语言描述这些规律。这些规律用数学语言表述的话，就是方程式。世间万物，无论是星系的形成，还是孩子鼻子上的雀斑图案，都跟这些方程式有关。无论你喜欢与否，也无论你是个单凭感觉跃跃欲试的人，还是个在意秩序与细节的人，你生活的方方面面都由方程式主导着。方程式并不在乎你理解与否，依旧控制着你周围的一切事务。所以，是时候跟数学的世界变得更熟悉了。

当然，方程式可以帮你在开车时计算出一段安全距离，避免交通高峰期出现一场连环车祸，也可以帮你度过更加极端的情况。这些情况比发生车祸保险费上涨更加严重。想象一下，今早你不用对着公司老板安排的案头工作一再推卸，而是负责截获另一个星系生物发出的最新信息；或者你负责阻止太平洋上发生石油泄漏引发的灾难，从而避免演变成国际性的事件。这些至关重要的国际性事件以及危险的外交事件也需要这些毫不起眼的方程式。

数学是世界的驱动力，而提高数学能力就是进一步提升技术水平，甚至可以挽救世界免于陷入一场致命的能源危机。

目录

绪言

在用数学拯救生命之前，让我们首先回顾一下一些基础知识点。如果你想要继续阅读本书而不会感到云里雾里的话，你会需要这些知识的。

我们有时候都需要数学的帮助，即使是像牛顿和爱因斯坦这样的天才，有时也要努力用数学语言写下自己的想法，两人还从数学家那获得了帮助与指导。虽然我没办法在你身边，帮助你阅读这本书，但是我对一些基本概念进行了解释说明，帮助你回忆起学过的数学知识点。你可以根据自己对数学的信心，判断是否要先跳过这一部分。在意识到高估了自己的能力后，你可以再回头看看这一部分。

运算顺序

无论何时，你面临一连串计算——数学家称之为运算——都要遵循运算的先后顺序。数学与书面文字不同，不会总是按照从左到右的顺序，而是根据特定的顺序来进行各类运算。运算的先后顺序[1]通常用六个英文字母来概括，即 BIDMAS。

B：括号（Brackets）

I：指数（Indices）

D：除法（Division）

M：乘法（Multiplication）

A：加法（Addition）

S：减法（Subtraction）

例如，算式 $5-3+(2\times8)\div4^2$ 涉及了上述的六种运算。

我们要先进行括号内的运算，得出 $2\times8=16$。所以得出如下算式：

$$5-3+16\div4^2$$

接下来要做指数（也称作幂）运算，我们可以看到 4 的右上角有个数字。4^2 指的是 4 乘 4，即 $4\times4=16$，所以得出如下算式：

$$5-3+16\div16$$

然后计算除法，得出 $16\div16=1$。所以得出如下算式：

$$5-3+1$$

接着，计算 -3 加 1，得出 -2，算式如下：

$$5-2$$

因此，最后我们还剩下一个相当简单的式子：

$$5-2=3$$

---

[1] 乘法和除法、加法与减法的运算顺序是同级的。只有乘除或只有加减且没有括号的算式中，改变运算顺序不影响结果。——编者注

分数化简

分数相等是非常重要的概念，指的是即使分数上的数字不同，但分数值相同。比如，我们知道二分之一等于四分之二：

$$\frac{1}{2}=\frac{2}{4}$$

我们常常要将分数化到最简，也就是说，尽可能将分母（分数线以下的数）、分子（分数线以上的数）化简到最小，而分数值保持不变。如果我们不知道四分之二与二分之一相等的话，那么我们要找到分子和分母都可以除尽的数，从而化简分数。就四分之二来说，这个数是 2 ，因为分子 2 和分母 4 都可以除以 2 。如果分子分母都除以 2 ，该分数的值不变，但现在分数化简了。

如果我们碰到一个分数是十二分之八，那么我们可以用 2 或 4 除该分数的分子和分母。但我们会选择更大的数，因为这会让分数进一步简化：

$$\frac{8}{12}=\frac{8\div 4}{12\div 4}=\frac{2}{3}$$

待没有数可以共同除尽 2 和 3，我们的工作就完成了。

幂与根

在“运算顺序”小节中，我们看到了有关幂的例子。幂是一种速记法，表示一个数自乘若干次的形式。例如，我们把

$3\times3\times3\times3\times3$ 记为 3^5（3 的 5 次方）。3^5 的计算结果为 243，这与 $3\times5=15$ 不同，不要把乘方与乘法混淆，人们经常犯这种错误。

根与幂正好相反。我们最熟悉的是平方根，数学家喜欢称之为与一个数的平方（一个数自乘一次的积）做相反的运算。例如，8 的平方是 64，而 64 的平方根就是我们原先给出的数字 8。

除了 2 次方，我们还可以使用其他次方。同理，除了平方根，我们也能有其他方根。例如，如果计算 8 的 3 次方，计算结果如下：

$$8^3=8\times8\times8=512$$

$$\sqrt[3]{512}=8$$

解方程

从本质上讲，方程是指含有未知数的等式。例如，如果我告诉你，我的数字乘 4，再加 3 等于 13，那么你可以说出我的数字是哪个吗？要准确地表示这个问题，有个方法就是使用代数。如果我用字母 y 代表未知数，那么我可以列出如下等式。

$$4\times y+3=13$$

为了更快地记下这个式子，也为了避免乘号与字母 x 相混淆，$4\times y$ 可简写成 $4y$：

$$4y+3=13$$

要解这个方程，我们必须从该等式的计算结果入手，颠倒原来的运算顺序，从而解出未知数。这样一来，我会用 13 减 3，然后除以 4：

$$y=(13-3)\div 4$$

注意一下，我们在要先做的运算上加了括号，表明我们要先做减法，而不是混合运算 BIDMAS 规定的先做除法。所以，解方程的过程如下。

$$y=(13-3)\div 4$$

$$y=10\div 4$$

$$y=2.5$$

这个方程就解出来了！或者你可以分阶段做逆运算。若未知数在等式的两边，这种做法非常有用。比如：

$$3a+6=7a-2$$

如果我们在等式两边同时加 2，就有效地消掉了等式右边的 −2。现在这个等式变成：

$$3a+8=7a$$

然后我可以在等式两边同时减 $3a$：

$$8=4a$$

最后等式两边同时除以 4，就得出了正确的答案：

$$2=a$$

该方法对于像上述的线性方程（未知数没有乘方）来说行之有效。解二次方程（未知数项的最高次数是 2）也许更难，因为可能有两个解、一个解，甚至无解。我们有各种各样的技巧求解，但在本书里，我不会详细说明。所以，尽管你认为这些没什么稀奇的，也不是什么花招，但解方程的公式可列为：

设 $ax^2+bx+c=0$ ，则

$$x=\frac{-b\pm\sqrt{b^2-4ac}}{2a}$$

这个公式确实难解，我把它留给更加认真的读者去证实我的答案。

公式

公式是用含有代数的式子来表示数量关系的一种方式。例如，一英尺为 30.48 厘米，我们可以用公式来表示：

$$c=30.48f$$

字母 f 代表英尺数，c 代表厘米数。所以，如果我们在美国（英尺仍然是美国常见的标准长度单位）工作，我们会使用该公式计算出 6 英尺等于多少厘米：

$$c=30.48\times6$$

$$c=182.88$$

所以，我们得出，6 英尺为 182.88 厘米。

在上述的例子中，c 叫作公式的求解对象。如果你知道某物长多少厘米，但是想要将单位换成英寸，你需要将公式的求解对象变为 f，也就是说重新列式，即“$f=$”。这和解方程非常相似。从上

述等式可见，f乘以 30.48 得到 c，因此 c 除以 30.48 得到f:

$$f=c\div 30.48$$

因此，如果我们想知道 182.88 厘米等于多少英尺时，会除以 30.48，得出 6 英尺。

不等式

为了确定或表明 x 等于一个特定的值或多个值，利用代数项有时是不可能的，有时是不可取的，我们要考虑到取值范围。这时，我们需要使用不等式。举个例子，根据我的经验来看，我的家人每周日中午都要吃掉 7 个以上、12 个及以下的烤土豆。如果土豆的数量用 p 来表示，那么 $p>7$ 表示“p 大于 7”。我认为，不等号就像贪婪鳄鱼的一张嘴，总是要吃两者中更大的一个。在上述的情况下，我们也会将该不等式倒过来写：$7<p$，因为“7 小于 p”与“p 大于 7”表达的是同一个意思。“多达 12”的意思是 p 可以小于 12，也可以等于 12，我们可以这样表示：$p\leqslant 12$。小于号上多加了一条杠，这表示 p 可以等于 12，也可以小于 12。

我们可以同时表示这两个不等式，从而表明 p 取值范围可能是：

$$7<p，p\leqslant 12$$

$$7<p\leqslant 12$$

这让我明白，所有这一切就是为了知道周日午餐所需烤土豆的数量。

勾股定理❶

这个著名的定理（你还听说过其他定理吗？）讲的是直角三角形的三条边之间的关系。

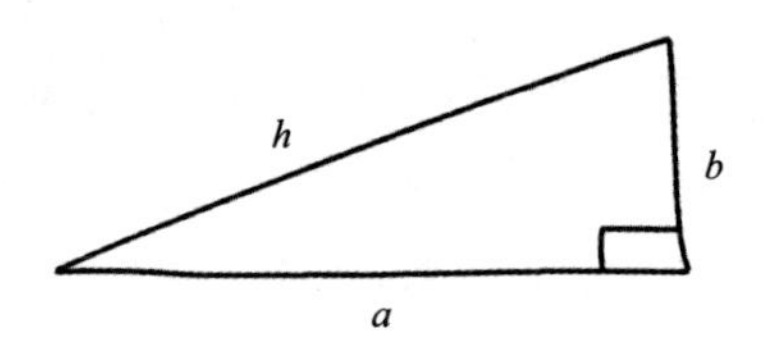

三角形最长边（即斜边）的平方等于其他两条边的平方和。如果你已知两条短边的长度，想知道斜边多长，下面公式非常有用。

$$h=\sqrt{a^2+b^2}$$

如果你想知道其中一条短边的长度，用这个公式：

$$a=\sqrt{h^2-b^2}$$

展开括号

有时方程带有括号。如果有一个数，乘以比它大 4 的数，得数为 45，你可以写成这样的方程：

$$n\times(n+4)=45$$

❶ 勾股定理是我国的说法，西方称“毕达哥拉斯定理”（Pythagoras's theorem）。——编者注

通常列这样的式子不需要乘号：

$$n(n+4)=45$$

为了解方程，我们需要处理括号。我们可以把该方程想象成一个矩形。如果矩形的一边长 n 米，另一边长 $n+4$ 米，如下图所示。

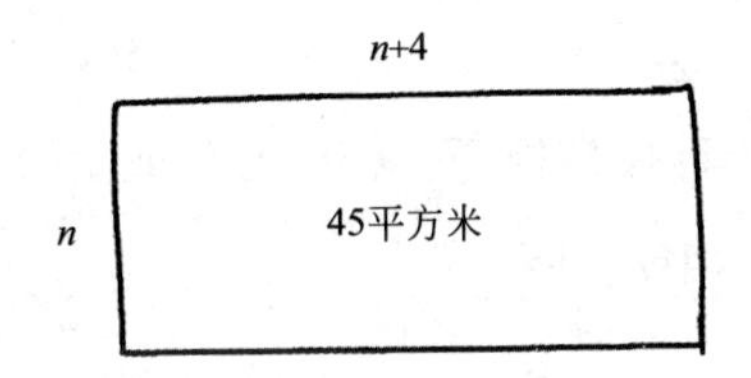

我们可以把较长的边分成两段，一段长 n 米，另一段长 4 米：

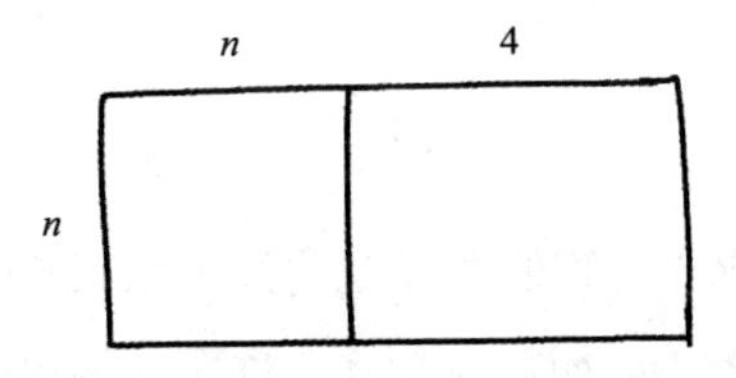

我们现在可以算出每个部分的面积：

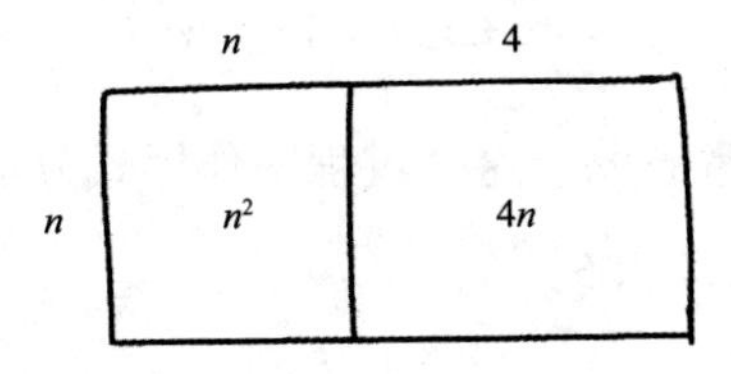

所以矩形的总面积为 n^2+4n，仍然等于 45：

$$n^2+4n=45$$

看，括号不见了！这个过程称为“乘”括号或“展开”括号。这是一个二次方程，可以用解方程那小节列出的公式来求解。

因式分解

因式分解是一种代数技巧，在解方程或变换公式时非常有用。这与展开括号正好相反。例如：

$$4\times3+5\times3=(4+5)\times3$$

如果两边同时求值，得到：

$$12+15=9\times3$$

$$27=27$$

所以该等式成立。我们可以把两处乘以其他任何数的 3 提取出来，剩下来的 4 和 5 相加后乘以 3，等于 9 乘以 3。如果我们不用具体的数字，而是用一个字母，这就变成了代数，一开始这个等式看起来是这样的：

$$4a+5a=(4+5)a$$

等式两边都等于 $9a$。这个过程叫作因式分解。我们还可以进一步用未知数替换 4 和 5：

$$Xa+Ya=(X+Y)a$$

如果你要解方程，而且要解的未知数出现过不止一次，该公式非常有用。

我希望，上面的几个小节已经让你回忆起某些东西。现在你已经要准备好应对第一个场景了。如果你仍然有些摇摆不定，不要担心——我们在每一章循序渐进地讨论这些问题，每一点都会提供大量的解释。本书最后没有测试环节。你可能从上学起就没怎么想过这些方程式，但在接下来阅读中，你会发现每个场合都会出现方程式。

第1章

为卢浮宫而生

身为一名私人安全顾问，你在业界的声誉首屈一指。最近，你负责的项目备受瞩目，引起了国际媒体的注意。当一位穿着时髦的巴黎女郎来到你办公室时，你迅速地安排好自己的日程，然后给她递了一杯喝的，最后同意帮她找出到底是哪一个博物馆工作人员盗走了名画，又用几乎一模一样的赝品取而代之。卢浮宫的安保预算吃紧，你们必须一起想想办法，用尽量少的安保人员监视新开张的数学艺术展览馆。为了保证各种画作、雕塑等艺术品的安全，她要求该馆的各个角落都要时刻在至少一名警卫的视线范围内。你怎样才能以最高效的方式完成这项任务呢？

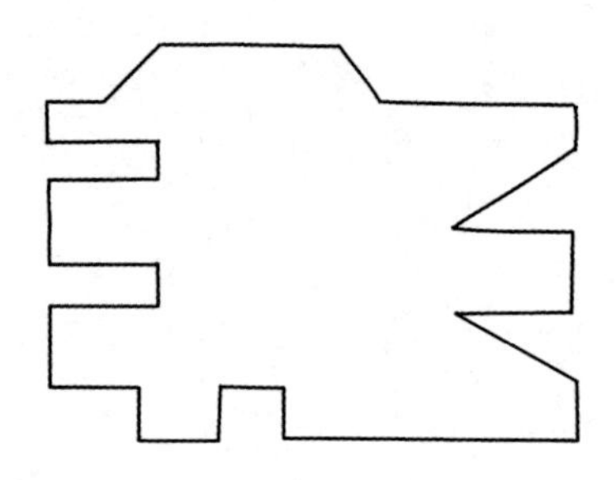

这就需要一点儿数学逻辑和几何推理。如果你开始用数学语言来考虑展览馆与警卫的问题，你可以用字母 g 表示所需警卫的数量，然后看看是否能缩小 g 的数值。要做到这一点，你需要设想一个多边形。

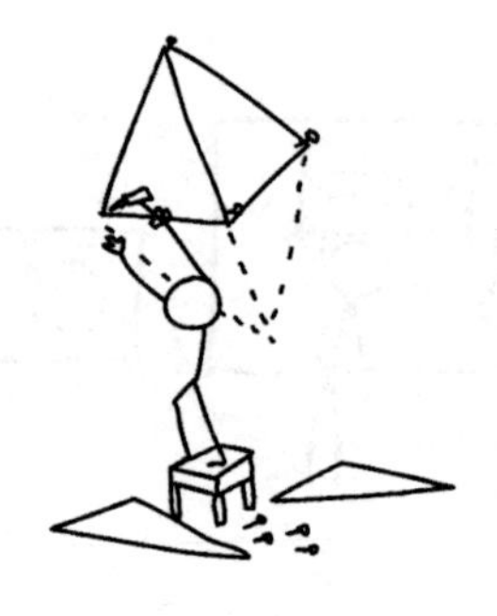

多边形是由多条直边组成的平面图形。大多数房间的平面图由多边形组成，传统上来说，平面图内角大多是直角。但从这个展览馆的平面图上我们可以看到，事实并非总是如此。

多边形是根据其边数来命名的。三角形是一个有三条边的多边形，而三角形的边数恰好是多边形中最少的。如果你边对边地把两个三角形粘在一起，你可以得到一个四条边的图形，我们称作四边形。

矩形、正方形、梯形、筝形、平行四边形和菱形都是四边形。四边形再拼上一个三角形，就得到了一个五边形，即有五条边的多边形。如果你不断增加三角形，那么多边形的边也就不断增加。

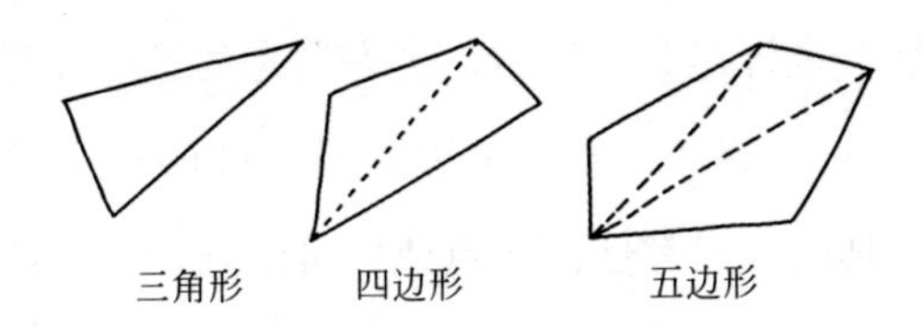

多边形既可以是凸多边形，也可以是凹多边形。凸多边形是指所有内角都小于 180° 的多边形。也就是说，如果你从外部观察多边形，其各边看似是朝外延伸的话，这就是凸多边形。本质上而言，凸多边形的尖角会突出来。凹多边形至少有一个内角超过 180°，这意味着从外部看来，尖角朝内。

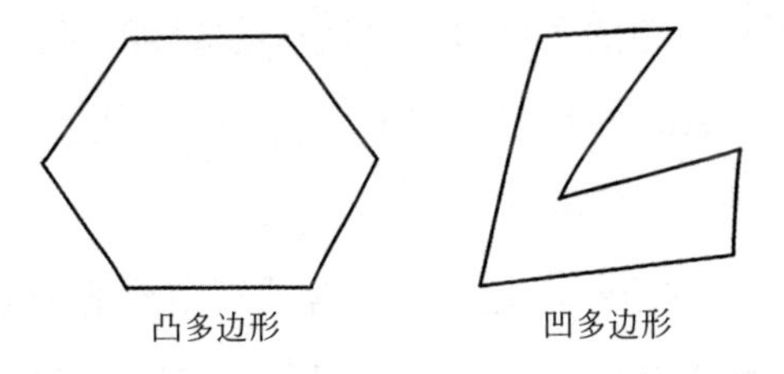

想象自己站在一个平面呈凸多边形的房间里。无论你站在哪个位置，整个房间都能尽收眼底。

从数学的角度来讲，如果你站在房间的任意一点，你可以从自己的位置到房间的任意一点画一条直线。在这种情况下，线就代表你的视线。因此，一名警卫可以监视任何一个平面呈凸多边形的房间。

可惜的是，也许是为了艺术，也许只是为了增加悬挂空间，数学艺术展览馆是一个有二十八条边的凹多边形——确切地说，是二十八边形。其内部没有任何一点让你可以画一条直线到达多边形的各个部分，所以我们可以肯定地说，需要不止一名警卫监视整个房间。现在我们已知 $g>1$。也许这是个明摆着的条件，但我们已经有了出发点。

我们知道可以用三角形构建多边形。你可能还记得，上学时学过三角形的内角和总是 180°。三角形有三个角，每个角必须小于 180°，这意味着三角形不可能是凹多边形。因此，无论什么样的三角形，一名警卫总能观察到平面呈三角形的整个房间。当然，对于四边形或多于三条边的多边形来说就不是这样的了，因为它们可以是凹多边形。因此，你现在明白了，最多需要为组成多边形的每个三角形区域安排一名警卫就足矣。

一个多边形的边数总是比其包含的三角形的个数多 2，这时，提及这一点可能大有用处：一个三角形有三条边，（显而易见）有一个三角形；四边形有四条边，包含两个三角形；五边形有五条边，包含三个三角形，如此类推……

所以，对于有 n 条边的房间，g 至少[1]需要 $n-2$，也就是 $g \leqslant n-2$。如果这个条件加上我们之前得出的 g 的条件，你可以得到：

$$1<g \leqslant n-2$$

如果展览馆平面图的边数 $n=28$，那么这个不等式就变成：

$$1<g \leqslant 26$$

所以，将该展览馆分割成若干三角形，其中一个方法就是如下图所示。

[1] 原文此处叙述有误，应该是 g 最多需要 $n-2$。——译者注

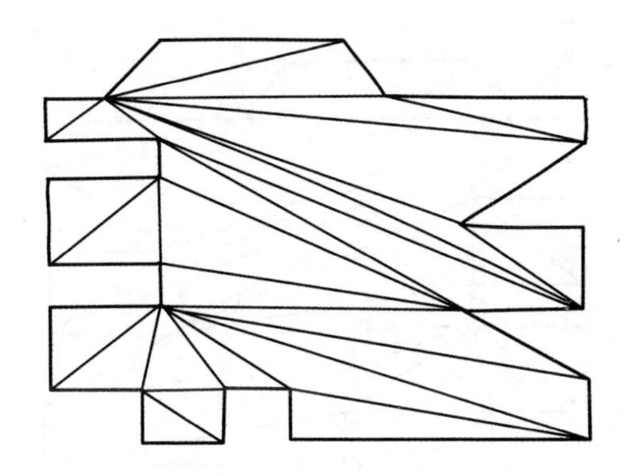

当然，也有其他的方法，但是你可以确定的是，一个 28 边的多边形有 26 个内三角形。

客户似乎对你的逻辑很满意，但即便这样的方案可能还在她的预算范围内，她还是对需要 26 名警卫在自己的展览馆里巡逻表示担忧。这是可以理解的。

但是你可以让她放心，你的工作还没有完成，再努力一点，你就可以把这个数字大大降低。

想一想，如果你把警卫安排在每个三角形的顶点处会发生什么呢？如果我们把每个三角形的顶点用 A、B、C 标出来，你会发现，用同一个字母标出来的两个顶点不可能彼此相邻。

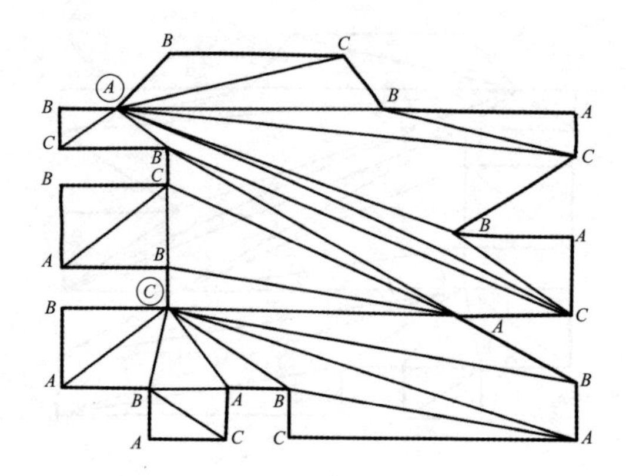

你可能会问，为什么这很重要呢？其实，这意味着如果你在A、B、C三个字母中任选一个，然后在这个字母所代表的位置安排一名警卫，那么每个三角形都会有一名警卫，但有些警卫会同时属于多个三角形。这是因为很多三角形的顶点是重合的。因此，当你把房间切分成三角形时，你会努力让尽可能多的三角形的顶点重合，就像上图中带圈的A和C两点。如果多边形有n个顶点，那么标有A、B、C的顶点的数量平均约为$n \div 3$。因为$n \div 3$的结果不一定是整数，所以我们舍掉小数部分向下取整，该方法在数学上称为向下取整函数。根据房间确切的形状，可能有办法进一步减少警卫的数量。但你可以确信，这个值将是所需警卫的最大值。所以，你现在得出：

$$1 < g \leqslant (n \div 3)$$

沿绝对值减小的方向向下舍入就是向下取整函数。为了完成这项工作，我们可以得出：

$$1 < g \leqslant (28 \div 3)$$

$$1 < g \leqslant \left(9\frac{1}{3}\right)$$

$$1 < g \leqslant 9$$

这说明，无论房间的形状如何，一个 28 边形的房间所需的警卫最多是 9 人，比之前得出的 26 少了近三分之二。客户似乎对此更加满意。但你能完成得再出色些么？

巧妙的数学

20 世纪 70 年代，捷克裔加拿大数学家瓦茨拉夫 · 赫瓦塔尔（Václav Chvátal）首次证明了展览馆定理这一猜想。随后，美国数学家史蒂夫 · 菲斯克（Steve Fisk）简化这一定理，本章的几何证明正是这位数学家提出的。这一想法是他在阿富汗的一辆公交车上打盹时产生的，数学家都认为，该想法“巧妙绝伦”，因为他把复杂的问题简化成了平常人也能理解的证明。为此，艾格纳（Martin Aigler）和齐格勒（Gunter Ziegler）所著的《数学天书中的证明》——一本集数学各领域最精彩的证明于一身的书——就收录了这一证明。

现在，你开始寻找发人深省的解决办法。这些办法靠的是识别物体，完善你解决具体问题的办法。我无法保证你使用这种办法就能够万无一失，但是能减少所需警卫的数量是你客户所喜闻乐见的。

你要注意，警卫站在平面图中的某些点上，可以看到美术馆的大部分区域。举个例子，如下图所示，一名警卫站在某一角上可以看到除阴影部分以外的所有区域。

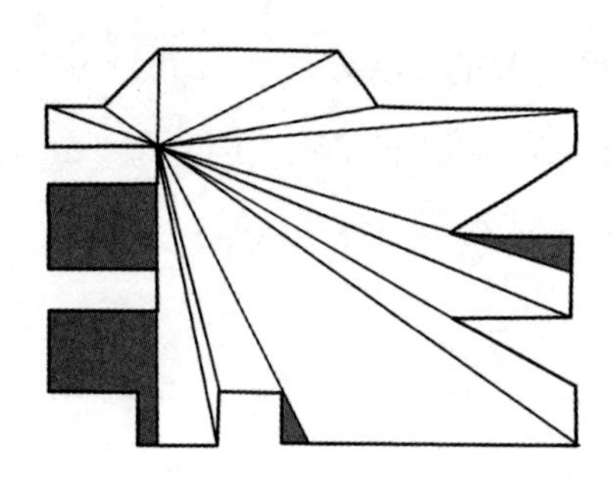

接着，你可以安排另一名警卫覆盖这些阴影区域，比如，第二名经过如下安排可以看到所需的大部分区域。

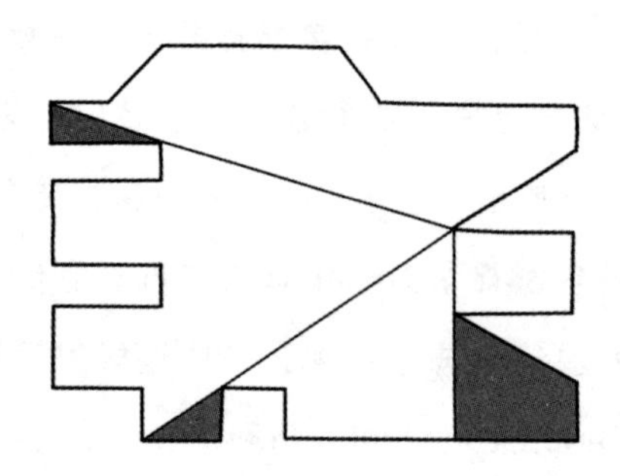

左下角会留下一小块盲区，第三名警卫可以负责监视这块区域。

你的推理简明扼要，你的客户所需的警卫数量也降到了最低，这让她感到十分惊喜。她将手伸进自己的 LV 包包，要给你付酬金。你说："您客气了，真的不用，女士。您不用给我支付这笔费用。如果能让我成为卢浮宫的终身会员，可以私下参观数学艺术展览馆，我会很高兴的。"

"当然没问题，先生。"她回答道。而此时，她的思绪已经在盘算雇佣三名警卫需要花费多少钱了。

但是，显而易见的是，你会等到抓住了小偷才开启这场博物馆之旅。

骗人的买卖

盗窃、伪造艺术品一直都是大买卖。甚至米开朗琪罗也是靠一点点伪造开启艺术生涯的。与我们了解的一些大师级别的艺术犯罪分子相比，他只是个业余爱好者罢了。英国的格林霍夫（Greenhaugh）家族在 1989 年至 2006 年，通过出售自家花园小屋里生产的赝品赚了 100 万英镑。肖恩 · 格林霍夫从事不同的油漆涂料、雕塑品和金属制品买卖，因而外界认为他是花样儿最多的伪造犯。他自学成才，至少生产了 120 幅赝品。整个家族终于在 2006 年被捕，这不并非是因为专家识破了一件赝品，而是因为他们在几件作品中使用了相同的真品鉴定书。法国人斯特凡 · 布赖特韦泽（Stephane Breitweizer）在 1995 年至 2001 年，周游欧洲，从规模较小的博物馆和画廊偷走了 250 多件艺术品。女友在一旁放哨，而他会把画从画框里拿出来，然后逃跑。他并未试图出售任何作品。最终，他在偷瑞士某博物馆内一个 500 年前的军号时落网。可惜的是，之后他的母亲销毁了很多他偷盗的作品。1990 年，有人从波士顿一家博物馆偷走了价值 5 亿美元的艺术品，其中包括维米尔、德加、伦勃朗和马奈的画作。从此以后，这些画再也没有出现在大众的视野中，也没有人落网。“成功抓获嫌疑人，悬赏 1,000 万美元”的告示仍然高高挂起。

第 2 章

致电总部

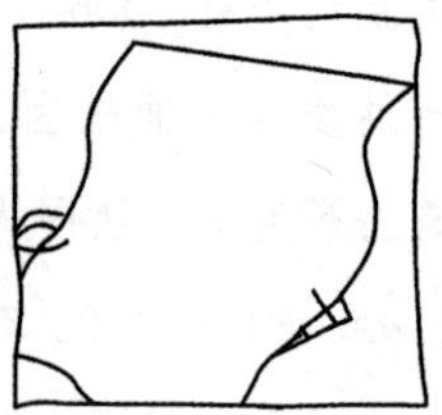

搜寻地外文明（Search for Extraterrestrial Intelligence，SETI[1]）研究院成立于 1984 年，目的是探索外星生物和外星文明的迹象。搜寻来自太空的无线电信号是该院的一个重要任务。你已经赢得了刊登在当地报纸上的比赛，在开始攻读天文学学位之前，你在这家研究院实习。接着，在你实习的第一天，类似外星文明的信号就被探测到了，这该有多么的幸运啊！当时，你跟着一名资深的天文学家学习，有机会和她一起工作，共同确定信号来源的具体位置。在信号达到之际，你使用望远镜观测，从它的参数中

[1] SETI 是搜寻地外文明计划的统称。——译者注

获知，信号来源地一定处于四颗恒星连起来的区域内。如果能计算出该区域的面积，那么你就可以有条不紊地用望远镜搜索信号了。

太空实在是太大了，大到连天文学家都很少用米或千米等标准长度单位来衡量。他们喜欢用的单位叫作秒差距[1]。

当地球绕着太阳转的时候，恒星之间的距离似乎会发生变化，变化的多少取决于它们与地球之间的距离。想象一下，一次只睁一只眼观察事物的情景。这样做的时候，你观察离你较远的物体时的视野似乎没有变化，但当换另一只眼睁着的时候，你脸旁边的手似乎在移动。你两眼之间的距离不大，不会影响你观察恒星，但是地球绕太阳公转轨道的距离大约是 3 亿千米，这个距离足够对你观测恒星产生重大影响。这种现象被称为视差。秒差距是从地球分别位于绕太阳轨道的两端观察到的天体的视差为 3,600 分之一度的天体的距离。要理解如此错综复杂的问题相当困难，所以天文学家建议你用光年来衡量恒星之间的距离。光年不是时间单位，而是长度单位，表示光传播一年时间所经过的距离。除了一些飘浮的尘埃、偶然出现的太阳系和一些氢分子，太空在本质上空无一物。在真空中使用光这一点至关重要，因为光通过玻璃或水等其他物质时要慢得多。

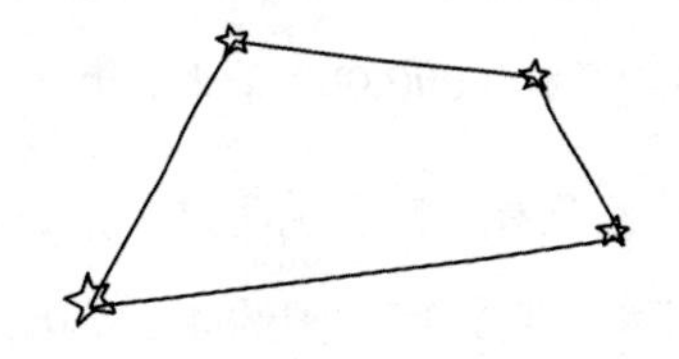

[1] 天文学上的一种长度单位，用于测量天体间的距离。——译者注

太空十分广阔，好在光的传播速度也很快。阿尔伯特·爱因斯坦证明，光速是宇宙的速度极限——没有什么能比光速更快。我们知道，真空中的光速是 299,792,458 米 / 秒。也就是差一点不到 30 万千米 / 秒。你以这样的速度可以在 3 秒内完成地球到月球的一次往返。

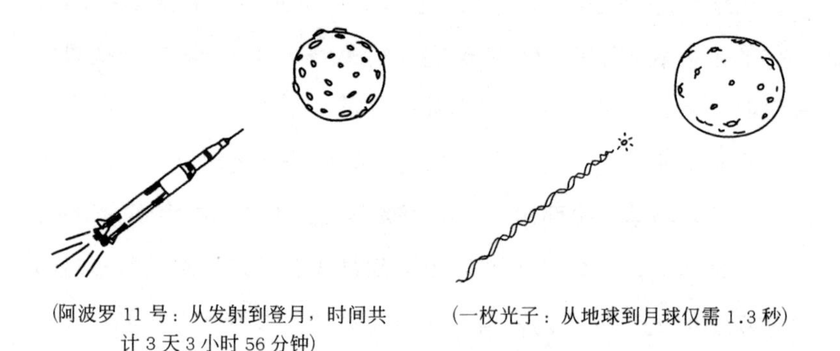

(阿波罗 11 号：从发射到登月，时间共计 3 天 3 小时 56 分钟)　(一枚光子：从地球到月球仅需 1.3 秒)

为了帮助你理解宇宙的广阔和搜寻地外文明计划的范围，天文学家要求你计算出一光年等于多少千米。你可以这样计算：

300,000 千米 / 秒 (×60)

=18,000,000 千米 / 分 (×60)

=1,080,000,000 千米 / 时 (×24)

=25,920,000,000 千米 / 天 (×365)

=9,460,800,000,000 千米 / 年

差不多是 9.5 万亿千米。为了说明这一点，我们可以看看离太阳最近的恒星：比邻星，它距离太阳约 4.2 光年，也就是大约 40 万亿千米。我们最快的太空探测器可以达到 25 万千米 / 时。因此，你可以计算出，到那儿需要 1.6 亿小时，或者说 18,000 多年的时间。

你现在了解到，即使我们确实要探测来自外星人的信号，在星际航行时代，太空航行将需要得到一些重大的改进。

那位天文学家现在给你一张星空图，每个网格正好是一个光年。它显示出四颗恒星的位置，以及它们之间的区域。四颗恒星构成的形状是一个四边形，但没有一个方便的面积公式可以直接计算它的面积。你意识到，可以试着把它分成矩形和三角形，然后计算出它的面积。已知矩形的面积等于长乘宽：$A=lw$[1]。同样地，我们也知道，任何三角形的大小都是与其等底同高矩形大小的一半。

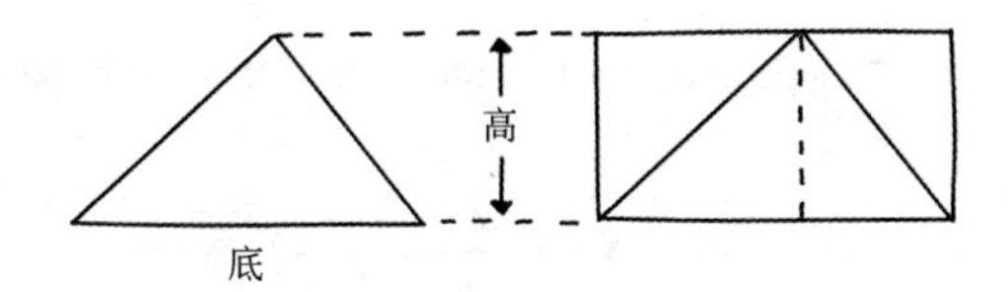

长和宽对于三角形来说没有太大意义，所以我们往往使用底和高：$A=\frac{1}{2}bh$。

四颗恒星组成的四边形可切分成方便计算的三角形和矩形，这样的形状处理起来比较棘手。但是该区域以外的形状计算起来不是太难。你可以计算出整个地图的面积，然后减去该区域以外形状的面积，得出四边形的面积。地图的分割如下。

[1] A 代表面积，l 代表长，w 代表宽。——译者注

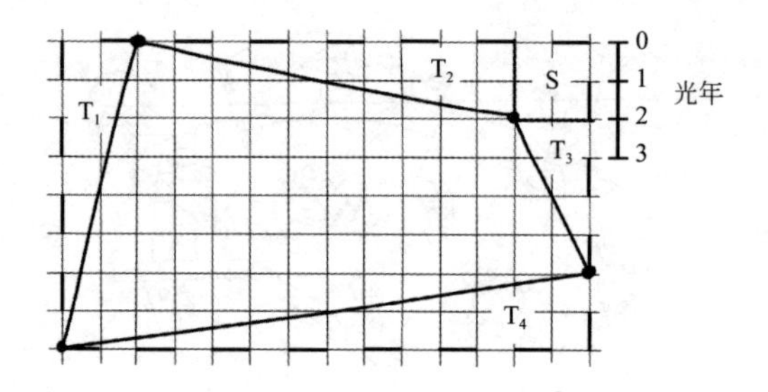

虚线矩形的面积是 14×8=112，单位是平方光年（ly^2）。接着，你开始计算 T_1、T_2、T_3、T_4 这四个三角形的面积。T_1 的面积为 $\frac{1}{2}\times 8\times 2=8ly^2$。你使用类似的计算方法，可以将 T_2、T_3 和 T_4 的面积计算出来，分别是 10 平方光年、4 平方光年和 14 平方光年。正方形 S 的面积是 4 平方光年。这意味着四边形的面积是 112−8−10−4−14−4=72 平方光年。

作为一名尽职尽责的科学工作者，你希望用另一种方法进行验算。幸好，你还记得有一种很棒的方法可以用。1899 年，奥地利数学家乔治·皮克（Georg Pick）发表了现在著名的皮克定理，这是一种计算顶点在格点上的多边形面积的方法。根据该定理：

$$S=i+\frac{b}{2}-1$$

字母 i 代表多边形内部的点数，b 代表多边形落在格点边界上的点数。

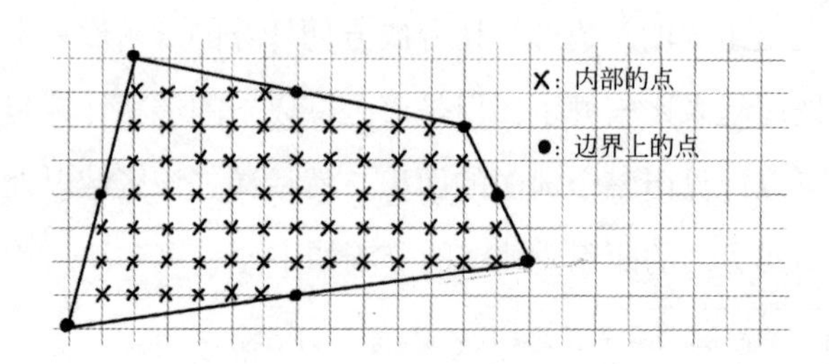

从这张图表可以看出，共有 69 个内部的点和 8 个边界上的点，我们可以得出：

$$S = 69 + \frac{8}{2} - 1$$

$$S = 69 + 4 - 1$$

$$S = 72\text{（平方光年）}$$

你为自己的验证结果而感到自豪，然后把答案告诉了你的导师。他开始集中精力寻找信息的确切来源。

许多科学家认为，任何来自外星人的信息本质上都具有数学的特点。先驱者 10 号、11 号是于 20 世纪 70 年代发射的空间探测器。如果这两个探测器在航行时，遇到了外星人，它们都携带了一块载有人类男女的图像以及我们太阳系位置信息的金属板，所有信息是以氢原子为参考的长度单位表示的。1974 年，弗兰克 · 德雷克（Frank Drake）和卡尔 · 萨根（Carl Sagan）从波多黎各的阿雷西博射电望远镜发出了一则消息。该消息包含了 DNA、人类和太阳系行星的信息。所有这些信息经过数学编码，储存在信号中。这则消息需要 25,000 年才能到达预定目的地。

这则消息假设任何我们能与之交流的外星生命形式，都必须具备足够的数学知识，才能开发出拦截我们信息的技术。以数学为基础建立一种通信方式可能会奏效，但通过观看我们多年来向太空播放的多种电视节目，外星人很有可能已经对我们有所了解。无论答案可能是什么，我们可以相当肯定的是，数学一定是答案的一部分。

德雷克公式

美国天文学家弗兰克·德雷克曾在SETI研究院成立之前，就参与启动了搜寻地外文明计划。他还提出了一个著名的公式，试图计算出在银河系里，我们能够与之联系的外星文明应该有多少。公式表达如下：

$$N=R_{*}f_{p}n_{e}f_{l}f_{i}f_{c}L$$

R_{*}是银河系内平均每年形成恒星的数量；f_{p}是所有恒星中有行星的恒星的比例；n_{e}是这些恒星拥有的行星数；f_{l}是有生命出现的行星的比例；f_{i}是有生命的行星中可能演化出高智生命的比例；f_{c}是高智生命能够进行通信的概率；L是高智生命将向我们传播信号以供我们探测的年数。把这些数相乘就得到N——与我们通信的外星文明的数量。随着我们继续探测，等式中的未知数会变得越来越主观。根据最新的估计，得数会从0(我们在银河系中是孤独的存在)到数百万(生命相当常见——让我们一起邂逅吧！)。

第3章 僵尸危机

一支暴力血腥、麻木不仁的僵尸军队来袭，而且僵尸的数量每天都在增加。世界各地的人们正遭受侵害。这场危机爆发后，人们为求一线生机，一直在躲躲藏藏，现在恐慌情绪蔓延开来。互联网崩溃，电源中断，包括固定电话和移动电话在内的通信网络都已瘫痪。目前你孤立无援。你是米德尔顿小镇的镇长，小镇人口共有 1,000 人。从某种意义上说，你运气不错——小镇坐落在宽阔河流中央的一座孤立的大岛上。出入这个岛仅有的通道是两座桥。你已经堵住了那两座桥。但有报道称，发现至少一个僵尸不知怎的上了岛。为了拯救小镇、市民以及你自己，能用数学建模知识想出一个计策吗?

5,000多年前，自从农业出现，人类开始群居生活以来，各大种群及其行为方式一直是科学家、数学家、经济学家和政治家们感兴趣的话题。数学家把种群的行为转化成一组方程，将其称为模型。他们可以把数据输入模型中，试图预测种群在某些情况下的行为。

这些模型的用途多样，例如，说明人口增长周期、旅鼠灭绝，以及预测作物产量，甚至选举期间的投票行为。然而，令人特别感兴趣的是疾病的传播和影响。身为经验丰富的政治活动参与者，你意识到，建立僵尸瘟疫（疾病的一种）模型可以帮你计算出市民感染的结果。你也懂得建立这些模型，要靠微分方程。在这种情况下，这些方程不是计算出某一特定的数量，比如镇上的僵尸数量，而是计算出该数量的变化——镇上的僵尸数量每天如何变化。

解微分方程可能比较困难，也就是说，没办法用正常的解方程方法来得到确切的答案。微分方程通常会用到微积分，这是高等数学的范畴。但是，微分方程可以用数值方法解决，这没有太大的困难。所以你可以代入符合模型的数字，从而得到结果。

你建立的模型需要你对某些数值细节——参数进行估计。在该案例中，你需要知道的参数是僵尸爆发传播的速度。在熄灯之前，媒体报道称，僵尸会开始攻击，平均每天两人会“变成僵尸”。所以你可以用这个数值作为你需要的参数。但是，“变成僵尸”的实际人数也取决于有机会感染的人数——人数越少，僵尸能接触和感染的人数就越少。基于这个知识，你写下了第一个方程。为了帮助你理解，刚开始用文字写下来：

每天僵尸数量变化 =2× 僵尸数 × 剩余人口占总人口的比例

你可以把这个等式写成：

$$\dot{Z} = 2 \times Z \times \frac{H}{1,000}$$

Z 和 H 分别代表僵尸和人类的数量。一开始总共有 1,000 人，所以 H/1,000 指的是剩余人口占总人口的比例。$\dot{Z}$ 表示僵尸数量的变化。你可以去掉乘号，进一步简化这个方程：

$$\dot{Z} = \frac{2ZH}{1,000}$$

你还可以化简分数，只需分子分母同时除以 2。

$$\dot{Z} = \frac{ZH}{500}$$

如果这是僵尸数量的变化，那么人口数量的变化一定是该数的负数，这就合乎情理了——如果僵尸增加了一定数量，那么人口必然会减少同样数量。这就得出：

$$\dot{H} = -\frac{ZH}{500}$$

同样，$\dot{H}$ 表示人口的变化。

所以，你得出了两个微分方程。现在可以运行模型了。第一天，数量的变化很容易计算。假设岛上只有一个僵尸，那么它会感染两个人。僵尸数量（Z）的变化量为 2，而人类数量（H）的变化量为 −2。要检验你的方程是否奏效，这可是个好机会：

$$\dot{Z} = \frac{1 \times 1,000}{500}$$

分子上的数相乘，得到：

$$\dot{Z} = \frac{1,000}{500}$$

接着，化简分数，得到：

$$\dot{Z}=2$$

第二天，僵尸感染人类变得稍微有些困难，因为人类的数量已经略有下降。

那么，第二天两个变量已经发生了变化，即 $H=998$，$Z=3$。那么，你会得到：

$$\dot{Z}=\frac{3\times 998}{500}$$

把这个数输入你的计算器就会得到：

$$\dot{Z}=5.988$$

因为人类数量的略有下降，这推翻了我们之前的预测：3 个僵尸变成 6 个僵尸。你可能会认为，除了这一大堆僵尸之外，其他东西都是毫无意义的，但请记住：这是一个模型。这暗示着，在第二天结束的时候，僵尸会千方百计产生 6 个新的僵尸，当然，“6”并不完全准确。但这还是会发生的。到第二天结束时，有了总共 8.988 个僵尸和 991.012 个人。这个增长率似乎很低，但当你计算未来几天的数字，你会看到数字迅速飙升，如下图所示。

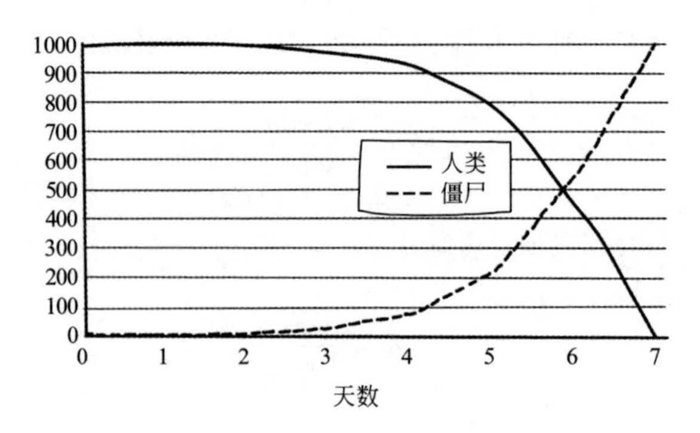

如果一个星期内所有人都死亡，这会给你的下一次竞选活动带来灾难！显然，这种情况发生的前提是人们傻傻地站着不动，任由僵尸胡作非为。这实实在在地向你表明，在短短几天内，事情会变得非常严重，所以你下令，让所有人都躲起来，把自己关在家里。

这会对你的模型产生什么影响呢？这会减少每天新产生的僵尸数量。如果人们躲在自己家里，僵尸就无法接近他们并把他们变成僵尸。从数学层面上讲，影响就是方程中原来的乘数 2 会减小，变成小于 2 的数。每个政客都明白，无论是出于固执的个性，还是为满足获得食物或药物的生活需要，不是每个人都会按照指令去做事情，所以你不可能让 $\dot{Z}$ 等于零。因此，你修改了原先的模型，将乘数降低到 0.25——也就是说，每个僵尸每 4 天就会产生一个新的僵尸。你运行该模型，并绘制出结果：

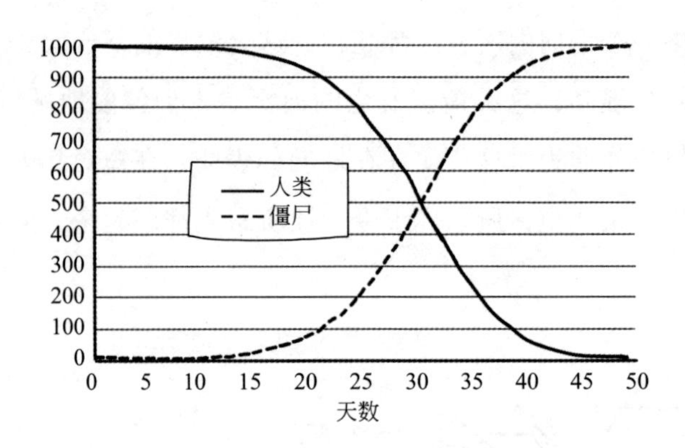

这张图带来一个好消息和一个坏消息。好消息是，僵尸需要更长的时间才能在小岛上立足，然后真正展开破坏行动。坏消息是，所有人 50 天后仍然会“变成僵尸”。这种方法将为你赢得一些时间。你知悉，唯一能让所有人活下来的方法就是以其人之道还治其人之身。你决定封锁小镇 20 天。在此期间，你和为数不多的警察以及一些拥有军人情怀的英勇公民展开研究，想出征服这群入侵者的办法。

你发现，电影里展现的情节都是真实的——使用可致外伤的钝器来攻击僵尸的大脑是打败它们的上上之策。幸好米德尔敦镇以板球、曲棍球和高尔夫球球杆而闻名在外，所以这里有大量的球棒、棍子和驱赶的工具来打败僵尸。我们最好是在夜间追捕它们，因为它们的视力到了晚上就不太好。追捕僵尸危险重重，而且人们变成僵尸的可能性也会大大增加，但是在这场你死我活的生存战中，你不能过于保守。经过几个星期的研究，你能预估一些数字，完善你的模型。

这时，你需要代入第三个方程式——杀死僵尸的比率。使用新战术和临时的武器装备，再加上你们在数量上占优势，你估计每天可以杀死 90% 的活着的僵尸。用文字来表示该方程式为：

$$死亡僵尸数量的变化 = 90\% \times Z$$

用 $\dot{K}$ 表示死亡僵尸数量的变化，你要记住 90% 等于 0.9，于是得到：

$$\dot{K}=0.9Z$$

在击杀僵尸行动展开之际，僵尸仍然会使一些人变成僵尸。你估计，人变成僵尸的比率将增加到 0.75。你还需要考虑，死亡僵尸的数量会使当天僵尸的总数量相应减少。由于这两个变量，你需要修改 $\dot{Z}$ 方程：

$$\dot{Z}=\frac{0.75ZH}{1,000}-\dot{K}$$

尽管情况迫在眉睫，但你不能让方程里有假分数，所以你把 0.75 和 1,000 化简为：

$$\dot{Z}=\frac{3ZH}{4,000}-\dot{K}$$

$\dot{H}$（人类数量的变化）的公式保持不变。但僵尸有一整天的时间让人变成它们的同伙，而你只能在夜间追捕僵尸时发起反攻，所以我们不能把 $\dot{K}$ 考虑在内。这样一来，得出：

$$\dot{H}=-\frac{3ZH}{4,000}$$

你开始代入数字，进行计算。第 20 天，情况乐观的话，你估计总共有 920 个人和 81 个僵尸。所以，用 $Z=81$ 和 $H=920$ 代入方程式：

$$\dot{K}=0.9Z$$

$$\dot{K}=0.9\times81$$

$$\dot{K}=72.9$$

人类，冲啊！在人类奋起反抗的第一天，你预计会杀死近 73 个僵尸。然而，正如你在计算人类数量的变化时所看到的那样，你们也会付出代价。把 $Z=81$ 和 $H=920$ 代入 $\dot{H}$ 方程式：

$$\dot{H}=-\frac{3ZH}{4,000}$$

$$\dot{H}=-\frac{3\times81\times920}{4,000}$$

用手中的计算器计算一下，得到：

$$\dot{H}=-55.89$$

噢，天哪！在发起反攻的第一个晚上，你预计会有 56 人牺牲。你得好好看看最后一个方程式——僵尸数量的变化——判断这样做是否值得：

$$\dot{Z}=\frac{3ZH}{4,000}-\dot{K}$$

你再次代入 $Z=81$ 和 $H=920$，然后把你之前计算出的 $\dot{K}=72.9$ 也代入进去，得出：

$$\dot{Z}=\frac{3\times81\times920}{4,000}-72.9$$

$$\dot{Z}=-17.01$$

我叫作“SIR”模型

在此场景中使用的真实模型称为SIR模型，其中S代表易感染人数，I代表感染人数，R代表痊愈人数。该模型在这次全球新冠肺炎疫情中得到了应用。在20世纪20年代，英国医生罗纳德·罗斯（Ronald Ross）、流行病学家安德森·麦肯德里克（Anderson McKendrick）、生物化学家威廉·克马克（William Kermack）和数学家希尔达·哈德森（Hilda Hudson）四人首次提出了SIR模型。就像你杀死僵尸一样，如果你能找到一种方法来限制这种疾病的传播速度，你就能“让曲线拉平”，增加流行病曲线的长度[1]，减少对卫生和其他基本服务的压力。如果病毒看得见摸得着，看起来就像游荡在街道上吃人的僵尸一样可怕，那么保持社交距离可能就不成问题了。

好棒！你已经成功地让僵尸的总变量变成负数。尽管反击的第一个晚上损失惨重，但你还是成功降低了僵尸的总数。从现在起，

[1] 指减缓感染的速度。——译者注

僵尸在米德尔敦很快就要消失了。

为此，你要对付剩下的僵尸，曲线图如下图所示。

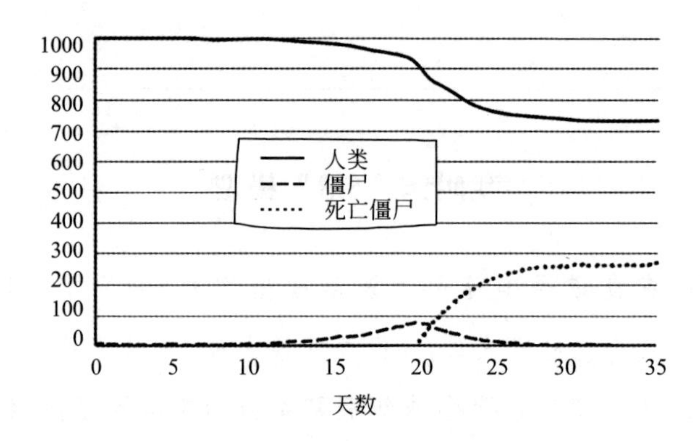

你可以看到，第 20 天，开始反击时，人类和僵尸的数量都急剧下降，但之后，局势扭转，人类占据优势。35 天之后，也就是第一个僵尸入侵米德尔敦五周之后，你和其他 731 名幸存者一起站在市政府的台阶上，庆祝本次的胜利。这个城镇以外的世界会是什么样子？谁也不知道。你出色的领导帮助这个城镇度过了这次前所未有的危机，看来，你的镇长位子确实保住了。

第4章

简单如π

在你的生态救援队办公室，紧急求助热线响起了一阵阵铃声。有一艘油轮在野生动物保护区附近搁浅，而那儿还生活着濒临灭绝的海鸟、哺乳动物及水生生物。船体正在漏油，而船员们却无法关闭受损的油阀。你的救援队可提供一种叫作围油栏的充气浮管，你可以用这种设备对石油进行围聚，以防止其进一步扩散。经船员估算，漏油的速度为每小时1,000升，目前已形成了一层0.002毫米厚的浮油，其形状与救援直升机拍摄的照片恰好相反。你的救援队将用充气式围油栏控制住浮油，然后把油和水抽上来，但到达事发海域需要两个小时之久。配有围油栏的船卸下该设备后，能够以 1.7 千米 / 时的速度行驶。如果你能准确地估算出所需的围油栏长度，那么你就能派恰当数量的船员，尽快解决问题。该海域的盛行风和洋流将会持续一段时间，因此浮油的形状应该不变，即以 60° 角从油轮向外扩散。据海岸警卫队的估计，离浮油到达野生动物保护区的水域还有不到 12 个小时。在浮油到达保护区之前，你能到达事发地点，有效利用围油栏从而让事态得到有效控制吗?

该处的石油泄漏大致呈扇形，我们称之为圆形的一部分。为了用围油栏控制石油的扩散，你得假设围油栏要围成一个扇形，帮助简化计算步骤。石油泄漏扩散的范围越来越大，这是很难计算的一步。你要知道，石油泄漏扩散的范围与所经时间的关系。

很久以来，人们始终对圆形着迷不已。无论大小，所有的圆看起来都相同——数学家称之为相似——因此，圆的比例总是相同。

多年来，一直让数学家们特别感兴趣的是，如果你用一个圆的周长（该图形一周的长度或者围绕有限面积的区域边缘长度）除以直径（穿过圆心连接圆周上两点的直线的长度），你得出的答案总是相同的。

得数比 3 大一点：到小数点后十位是 3.14159265358。实际上，π 是无理数，也就是说它不能准确地写成分数，它是无限不循环小数。我们用希腊字母 π 来表示这个数，但如果我们想要它用数字表示的话，就得用一个四舍五入的值来表示。π 出现在数学的诸多领域，它的值似乎确定了几何图形在世界上存在的方式。可以确定的是，π 可以帮我们计算出圆周的长度和圆的面积。π 的定义可以用公式重新表示：

π = 周长 / 直径

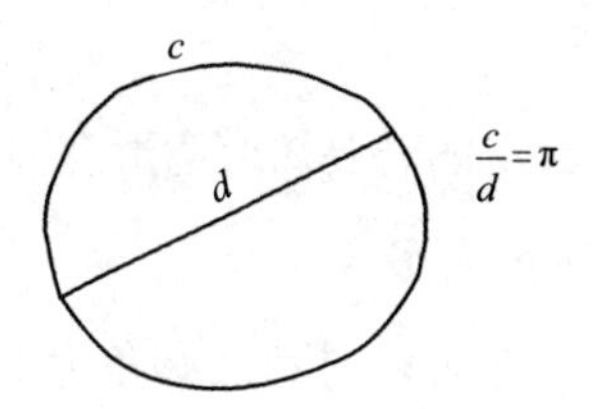

如果两边都乘以直径，就得到：

π × 直径 = 周长

如此一来，易于测量的直径（是一条直线）乘以 π，就能计算出难以测量的圆的周长。这个公式可能会让你想起在学校学习的知识：

$$C=\pi d$$

如果你还记得半径（从圆心到圆周的距离）是直径的一半，那么两个半径等于直径，即 $d=2r$，我们就可以得出一个替换公式：

$$C=\pi\times 2r$$

数学家通常这样写：

$$C=2\pi r$$

泄漏的石油呈扇形，就像是切了一部分的圆，由两条半径和一部分圆周组成。这部分圆周我们称之为圆弧。

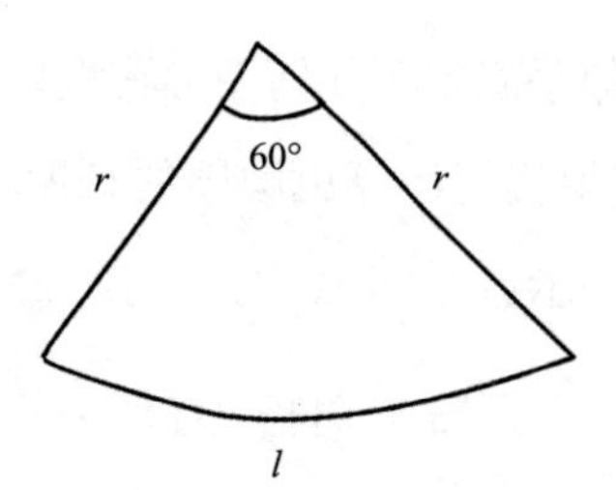

要算出圆弧有多长，你需要知道扇形有多大。其实，从扇形的圆心角就可以判断出扇形有多大。

据卫星图像显示，你可以看到圆心角为 60°。鉴于整个圆的圆心角是 360°，我们的扇形占圆面积的六分之一。也就是说，圆弧的长度是整个圆周的六分之一：

$$\text{弧长（}l\text{）}=\frac{1}{6}\times 2\pi r$$

该公式用分数来表示：

$$l=\frac{2\pi r}{6}$$

2/6 化简为 1/3：

$$l = \frac{\pi r}{3}$$

围油栏的长度就等于圆弧加上两条半径：

$$\text{所需围油栏的长度}（b）= l + 2r$$

$$b = \pi r/3 + 2r$$

你可以因式分解，把 r 提取出来，放一边：

$$b = r\left(\frac{\pi}{3} + 2\right)$$

到目前为止，一切都很好。你得出了一个方程式，又知道了浮油的半径，围油栏的长度便计算出来了。不过，你也别高兴得太早了。你还得考虑到，随着更多的油泄漏，浮油的半径也会增大。而到达事发区域需要一些时间，你需要计算出你到达时浮油的半径。

你计算围油栏的长度是基于扇形是平面图形这样的一个事实，但实际上，浮油是一个立体图形——就像一块很薄的蛋糕，厚 0.002 毫米。你可以用面积乘以厚度来算出浮油的体积，这一步还需要用到 π。圆面积的公式是 $A = \pi r^2$。现在我们有整个圆的六分之一，所以浮油的体积是：

$$V = \text{扇形面积} \times \text{厚度}$$

$$V = 1/6\pi r^2 \times \text{厚度}$$

浮油的厚度为 0.002 毫米——大约是一根头发的直径——因此，这就是为什么石油泄漏扩散的区域会如此之大，并对环境造成如此严重的破坏。我们已知 0.002 毫米是 1 毫米的千分之二，1 毫米是 1 米的千分之一，也就是说厚度是 1 米的百万分之二。把这个换算代入体积公式：

$$V = \frac{1}{6} \times \pi r^2 \times \frac{2}{1,000,000}$$

你把公式合并成一个分数：

$$V = \frac{2 \times \pi r^2}{6 \times 1,000,000}$$

分子上的 2 和分母上的 6 可以同时除以 2，进行化简：

$$V = \frac{1 \times \pi r^2}{3 \times 1,000,000}$$

最后得出如下公式：

$$V = \frac{\pi r^2}{3,000,000}$$

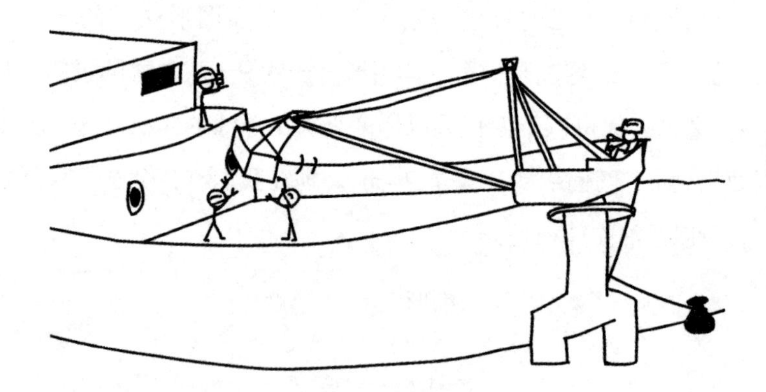

由头发萌生出的点子

美国发型师菲尔·麦考瑞在观看埃克森公司“瓦尔德斯”号油轮原油泄漏事故视频时，注意到了浑身都是油的水獭。由此，他想到了一个绝妙的点子。他拿了一加仑机油，把它倒进儿子的戏水池来模拟石油事故。接着，他把妻子的一双旧紧身裤袜丢进了池子里，里面塞满了自己理发店里剪下来的头发。2 分钟后，那件塞满了头发的紧身裤袜把油都吸进去了。“为漏油捐发”国际项目从此诞生，该项目旨在从理发店、宠物造型店和绵羊农场收集毛发，帮助吸收泄漏石油。显然，人类的头发是这些毛发中最好的，因为我们会用洗发水洗头，这使得头发可以吸收相当于自身重量 40 倍的油脂。头发吸收的油也可以挤出来重新利用。

你知道浮油的体积以每小时 1,000 升的速度增加，也就是每小时 1 立方米。这相当于体积（以立方米为单位）等于扩散速度乘以漏油发生后的小时数。设 t 为所经的小时数，得到 $V=1\times t$，或简化为 $V=t$。把这个公式代入之前的体积公式，重新列出方程式，得：

$$t=\frac{\pi r^2}{3,000,000}$$

两边同时乘以 3,000,000 得到：

$$3,000,000t=\pi r^2$$

然后，两边同时除以 π，得到：

$$\frac{3,000,000t}{\pi}=r^2$$

为了得到 r，而不是 r^2，需要在等式两边同时开平方：

$$\sqrt{\frac{3,000,000t}{\pi}}=r$$

把这个方程式代入围油栏公式，就知道从漏油发生开始，需要多长的围油栏：

$$b=\sqrt{\frac{3,000,000t}{\pi}}\times\left(\frac{\pi}{3}+2\right)$$

这个方程式表明了非常有用的一点，即所需围油栏的长度与时间的平方根成正比。在漏油发生 2 小时后，拦油船每小时可以放置 1,700 米的围油栏。由此，得出如下曲线图：

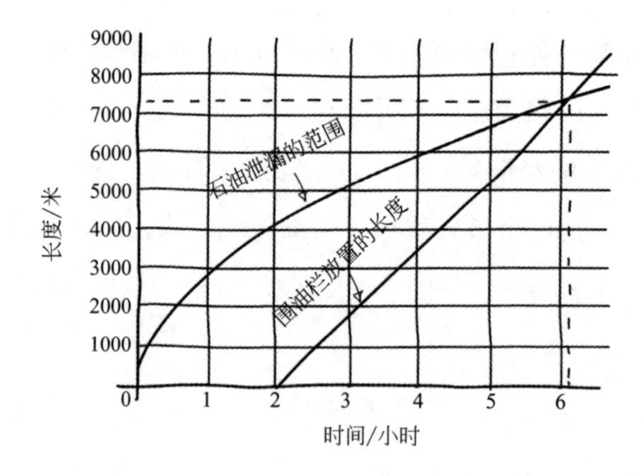

圆周率小数点后的很多数位

你可能还记得，在学校老师告诉你使用 π 的各种近似值来计算——3.14 或 22÷7 是两种常见的值。电子计算器可以显示更多数位，让我们能够得出很精确的数位，足以应对几乎任何你能想到的圆周率的用法。但这对于来自印度的拉吉维尔 · 米纳（Rajveer Meena）来说还远远不够。他在 2015 年打破了记忆圆周率 π 的世界纪录，记到了小数点后 70,000 位。他蒙着眼睛背诵了 10 小时。如果你不擅长记忆，你可以用你的电脑计算越来越多的 π 的数位。美国网络安全分析师蒂莫西 · 穆里坎（Timothy Mullican）使用自己组装的电脑计算了 303 天，于 2020 年 1 月打破了世界纪录，计算出圆周率小数点后 50 万亿位。

可以看到，起初，石油泄漏的范围增长非常快，但随着时间的推移，增长的速度降低，让救援队有机会迎头赶上。通过曲线图可以看到，仅 6 小时后，围油栏的数量就能超过石油泄漏的范围。这需要 7,000 ～ 7,500 米长的围油栏。你总算松了一口气，因为你意识到，你们还是有可能到达事发地点，利用围油栏来阻止野生动物保护区免受危害。最后，你装上设备，扬帆起航。

第5章

争论的焦点❶——人骨

撒哈拉沙漠，烈日炎炎。经过数周的挖掘，终于有所回报。你的团队发现了史前人科动物的骨骼化石，这可能重新定义我们对人类进化的理解。你们所处的位置非常偏僻，只有步行或骑骆驼才能到达。你们的食物和水即将消耗殆尽，而此时，大自然母亲让你们的处境雪上加霜——一场巨大的沙尘暴即将来临，你们必须立即撤离。任何没法带走的东西都会消失在沙土中。当地人帮忙搬运包裹当然是要收费的。但由于当地的传统，他们根据包裹的长度计算价格。你发现的 40 厘米长的股骨（也就是我们的大腿骨）

❶ 此处一语双关，bone of contention 是一种习惯用语，意为争论的焦点。而本章要的主题就是“bone”——人的骨头。——译者注

印证了早期两足动物的活动，所以这必须完好保存下来。但是，你只剩下35 迪拉姆❶，他们每厘米要收取 1 迪拉姆。你需要运用几何知识，找到最便宜的方法且完好无损地把这根骨头装进包裹，并在该地区再次被沙子掩埋之前，到达附近安全的洞穴。你能做到吗？

高效打包行李对我们的文明而言至关重要，因为我们不仅要遵守大多数航空公司的行李重量限额（低得让人难以置信），而且要在世界各地运输货物和产品。在写这一章时，还没有一个数学算法可以计算出在最大限度利用可用空间的情况下，如何最好地在一辆货车的后厢包装货物（如果你能计算出这种算法，你就能出个价卖了，并被载入史册）。但是，一说到要把又长又直的东西放进盒子里，我们总是会想到毕达哥拉斯。这个名字对我们大多数人来说如雷贯耳（如果并非如此的话，我会在绪言中进行重述），但是你知道他著名的公式还可以解决立体图的问题吗？如果你想把一根又长又直的骨头装进盒子里，而且这个盒子的边长都比骨头短，那么，这个公式就大有用处了。这听起来有些痴心妄想，但让我们换个思路想问题：计算出在一定尺寸的盒子里可以放多长的木棍。

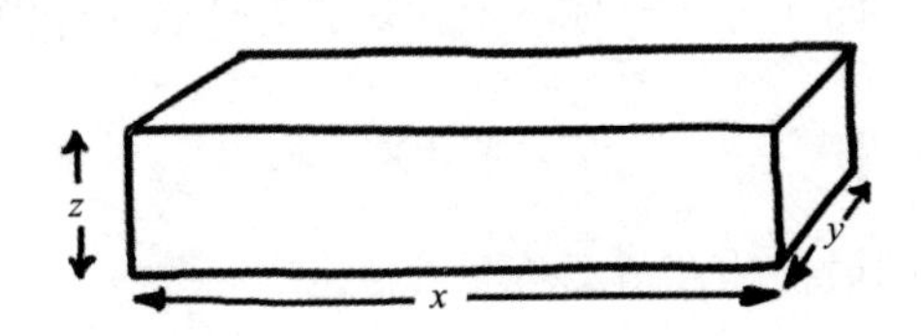

我们设这个盒子是一个长方体，长、宽、高分别是 x 米、y 米和 z 米。当下，你可以坚持使用更简单的针对平面图形的勾股定理

❶　阿拉伯联合酋长国的法定货币。——译者注

来解决这个问题。你需要找到盒子对角线的长度，记为 d。

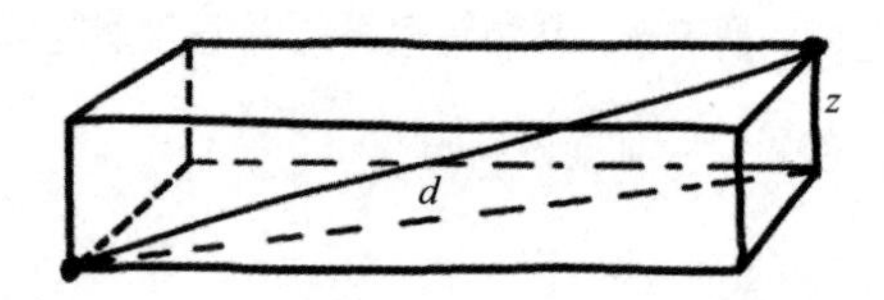

要运用勾股定理，你需要知道直角三角形三条边的两条，但目前你只知道一条边：盒子的高 z。但是你也可以用勾股定理求出盒子底部的对角线。

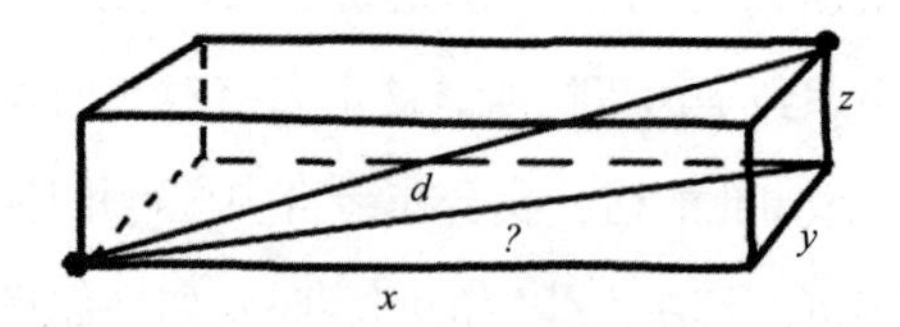

根据勾股定理，你可以知道未知那条边的长度一定是：

$$? = \sqrt{x^2 + y^2}$$

方程两边同时平方——你马上就知道为什么这样做了：

$$?^2 = x^2 + y^2$$

回到了我们最初的直角三角形求斜边的问题：

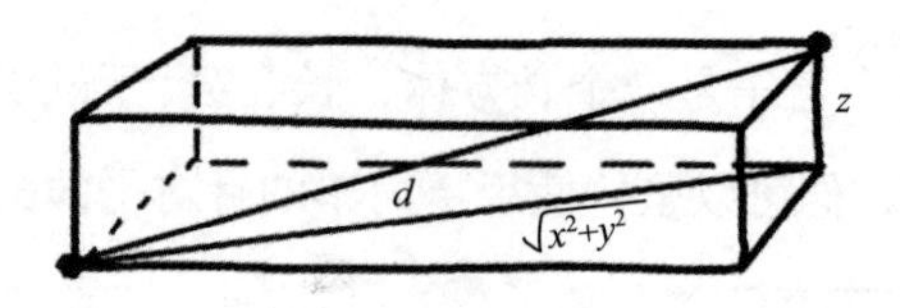

敦达古鲁化石

1906 年，德国采矿工程师伯恩哈德·萨特勒(Bernhard Sattler)在坦桑尼亚敦达古鲁地区(当时还是德意志帝国殖民地)发现了一个非同寻常的化石矿床。巨大的恐龙化石历经山坡上风雨侵蚀而逐渐显露出来。他联系了一位古生物学家，在接下来的六年里，终于从这个地方挖出了近 20 万千克的化石。比较棘手的一点是，需要把化石带回德国进行分析。首先要做的就是，把它们运送至林迪港，途中经由陆路，须跋涉 60 千米。由于当地有采采蝇[1]，驮畜无法使用，这种昆虫携带了对牛、骆驼和马来说致命的寄生虫。一些用石膏保护层覆盖的化石重达几百千克。那么，该怎么解决呢？雇用一批当地人，在为期四天的行程中搬运 4,300 个货柜。即使时至今日，仍有一些货柜有待打开。柏林自然历史博物馆藏有一具布氏长颈巨龙(一种巨大的蜥脚类动物，其拉丁名为 *Giraffatitan brancai*，意思是“巨大的长颈鹿”)的骨架。这具骨架来自敦达古鲁。目前，它仍然是世界上最大且最高的骨骼。

[1] 即舌蝇，以人类、家畜及野生猎物的血为食，可传播锥虫病。——译者注

$$d = \sqrt{?^2 + z^2}$$

现在，你明白为什么需要求出对角线“$?^2$”了吧？如果你把“$?^2$”代入，则得到：

$$d = \sqrt{x^2 + y^2 + z^2}$$

当你用盒子各边求未知数时，任何盒子都可以使用该公式，这确实是针对立体图形的勾股定理。

让我们把视线拉回到撒哈拉沙漠。你还要走一段路，但你发现一团翻滚的沙尘挡住了营地一侧的地平线，时间正在滴答滴答地流逝。当你考虑如何打包这个无价的艺术品时，你觉得把骨头装在一个立方体里合情合理，因为立方体所有的边都是一样长的。如果你得根据最长边付钱，你也可以让其他边也这么长。否则，你会减少 d 的长度，但付的钱还是一样多。所以，如果所有的边长相同，那么 y 和 z 就等于 x。将公式中的 y 和 z 替换为 x：

$$d = \sqrt{x^2 + x^2 + x^2}$$

$$d = \sqrt{3x^2}$$

$3x^2$ 的平方根等于根号 3 乘以 x^2 的平方根：

$$d = \sqrt{3} \times \sqrt{x^2}$$

你还记得平方和平方根互为逆运算，所以两者可有效地相互抵消，得到：

$$d = \sqrt{3}x$$

这个方程式表明，立方体的对角线是边长的 $\sqrt{3}$ 倍。因为 $\sqrt{3}$ 算到小数点后两位是 1.73，这意味着你可以把比正方体边长长 73% 的东西放进正方体内。

把方程式两边同时除以 $\sqrt{3}$，得到这个式子：

$$\frac{d}{\sqrt{3}} = x$$

由于股骨长 40 厘米：

$$\frac{40}{\sqrt{3}} = 23.1\text{（厘米）}$$

如今，现实生活中的股骨并不像理论中的那么窄，所以盒子要比这个大一点，但你现在可以确定大的东西可以装进小盒子里。

你在股骨周围钉了一个板条箱，这样一来，该骨骼周围也有一些空间来存放你挖出来的其他较小的骨头。你把团队的最后一笔钱交了出来，看着捆在骆驼上的箱子在夕阳中渐行渐远，随后你开始徒步跟随。

第 6 章

从符拉迪沃斯托克（海参崴）出发的最后一班火车

你急需赶上当天最后一列火车。在火车刚刚驶进车站时，你突然发现，公文包不在你手里。那里面装着指控一个流氓特工的证据，此人极其危险，在符拉迪沃斯托克（海参崴）当了一年的卧底。毫无疑问，你在伪造的文件和旅行证件之间乱摸一通的时候，你把它落在售票处了。从轨道上方和车站大楼的双开门放眼望去——谢天谢地，你还能看到自己的包，但你受过英国军情六处❶训练的余光扫到了一个正在巡逻的警察。如果你不赶快去拿这件无人看管的行李，它会被警察没收。据你估计，该警察离公文包有 60 米

❶ 全称为英国陆军情报六局。——译者注

远，他走得很慢，大约是 1.5 米 / 秒。而此时，你在 200 米开外。去拿上你的公文包并在火车离站之前赶上的话，你需要跑多快呢？

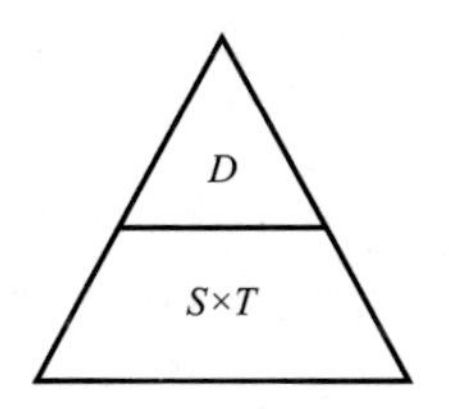

你可能还记得，在学校的数学或科学课上学过的速度、距离、时间这三要素组成的简易三角形。这三个量是相互关联的。如果你知道其中任意两个量，你就能算出第三个量。例如，如果你想算出你可能走了多远（距离），D 就是未知数。你会发现，用速度乘以时间就可以算出结果。从这个简单的三角形中，我们得到了三个非常有用的公式：

速度 = 距离 ÷ 时间

距离 = 速度 × 时间

时间 = 距离 ÷ 速度

如果你想想开车的情景，想想每小时开几英里，第一个公式就很容易记住。我们都知道，英里表示距离，小时表示时间，/ 表示除以，因此速度是距离除以时间。

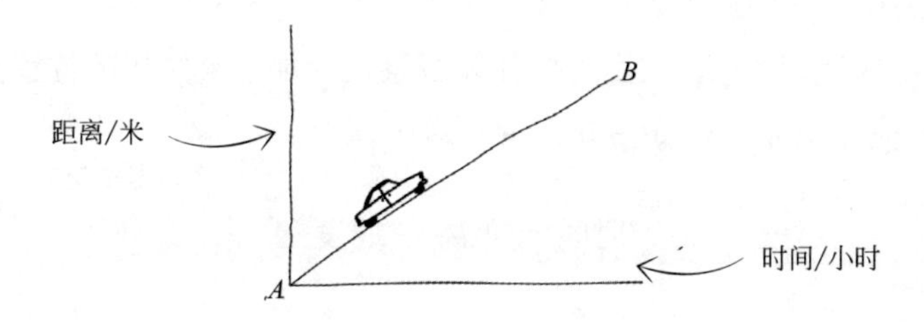

距离和时间是基本量，都有各自的单位。科学家和数学家喜欢用米表示距离单位，用秒表示时间单位。速度是一个导出（非基本量）量，所以它的单位是米 / 秒。汽车通常的计量单位是英里 / 时或千米 / 时。

基本单位

在 18 世纪末，法国大革命后不久，法国科学院制定了公制。这个单位迅速在世界上流行起来。与之前的度量衡制度不同，它既好用又简单，因为这以 10 进制进位系统为基础，而以前的制度所需的心算少一些。国际单位制有 7 个基本单位，其他的单位都可以由基本单位推导出来。

这些基本单位是我们熟悉的，分别是秒、米、千克。而这些单位分别表示时间、距离和质量。此外，还有一些不太常用的基本单位，分别是安培、开尔文、坎德拉和名字很有趣的摩尔，它们分别表示电流、热力学温度、发光强度和物质的原子质量中粒子的量。

当你站在站台上犹豫不决，不知怎么才好时，你当下要处理的问题有两个。首先，我们需要计算警察走到那个公文包的位置需要多长时间。我们已知距离和速度，所以得出：

$$时间 = 距离 \div 速度$$

$$= 60 \div 1.5$$

$$= 40(\text{秒})$$

第二个问题是，计算出你需要跑多快才能在他之前到那里——如果你时间够的话，不必像个疯子似的跑过去，以免吸引别人的注意。如果我们用这 40 秒，可以计算出你和警察同时到达公文包的速度：

$$\text{速度} = \text{距离} \div \text{时间}$$

$$= 200 \div 40$$

$$= 5(\text{米/秒})$$

5 米 / 秒是慢跑的速度——在熙熙攘攘的火车站，这种速度不太会引人怀疑。

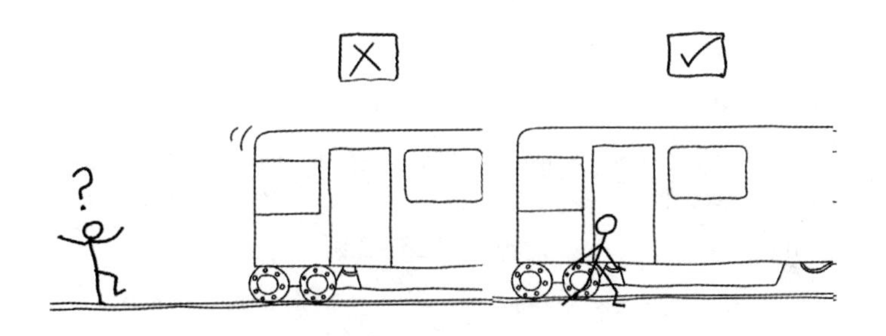

要看看你能不能赶到火车最后的车厢，你必须计算出在同一时间，你到站台起点的距离和火车车厢到站台起点的距离是否相同。如果你能赶上火车的话，可以爬上火车的最后一节车厢。问题是，你应该飞奔、快跑还是慢跑？火车在你前方 75 米，它会在驶出 200 米长的站台之前，以 10 千米 / 时的速度缓慢前行。

这一点似乎很显而易见，但重要的是，确保我们用的是相同的单位。如果我们用米 / 秒，我们需要把火车的 10 千米 / 时的速度

转换成米 / 秒：10 千米 / 时就是 10,000 米 / 时。如果火车一小时行驶了 10,000 米，你可以除以 60，求出一分钟行驶了多远，之后再除以 60，求出一秒行驶了多远。如果我们把这些用算式计算出来，列出的算式如下：

$$10{,}000\text{ 米 / 时} = (10{,}000 \div 60)\text{ 米 / 分}$$
$$= 166.7\text{ 米 / 分}$$

$$166.7\text{ 米 / 分} = (166.7 \div 60)\text{ 米 / 秒}$$
$$= 2.8\text{ 米 / 秒}$$

我们还需要考虑到一个事实，那就是这个站台只有这么长。那些午后，你踌躇满志（面对一场国际事件的威胁），在公寓里一边吃着俄式蜂蜜蛋糕，一边研究着加密文件，这无法增强你的身体素质。这座火车站的站台有 200–75=125 米长，这列火车驶离站台之后，将会加速，从而超出人类奔跑的速度。那么火车驶离车站需要多长时间？我们已知，时间 = 距离 ÷ 速度，所以得出：

$$\text{时间} = 125 \div 2.8$$
$$= 44.6(\text{秒})$$

因此，无论你是选择快跑，还是选择慢跑，你必须在 45 秒之内到达火车。让我们依次看看飞奔、快跑和慢跑分别会是怎样的结果。

我们已知火车的速度（2.8 米 / 秒），一开始火车领先 75 米，但是你飞奔的速度是多少呢？百米世界纪录保持者牙买加人尤塞恩 · 博尔特（Usain Bolt）的最高速度可以达到 12.4 米 / 秒。假设你不是奥运会运动员，也不是国际间谍，你的速度在肾上腺素和俄罗斯红茶的刺激下，达到了 8 米 / 秒。你可以保持这个速度大约 12 秒，之后你需要停下来喘口气才行。

我们知道了这个条件之后，现在有了所有所需的信息，可以开始使用距离公式，即距离 = 速度 × 时间。时间是你想要得到的未知数，所以你需要用 t 来表示。

对你来说：

$$距离 = 8\times t$$

$$= 8t$$

对火车来说：

$$距离 = 2.8\times t$$

$$= 2.8t$$

我们必须要记住，火车比你领先 75 米，所以我们必须加上 75 米，才可以算出它离站台的起点有多远：

$$距离 = 2.8t+75$$

我们想知道，你行走的距离和火车行驶的距离是何时相等，所以你可以让这两个等式相等，然后解出 t 的值：

$$8t=2.8t+75$$

减去 $2.8t$，得到：

$$5.2t=75$$

接着，除以 5.2

$$t=75\div 5.2$$

$$t=14.4\text{（秒）}$$

由于你的飞奔只能延续 12 秒，也就是说，你的速度开始下降之前，你已经接近火车的后车厢了。现在，你只能无助地看着火车在余晖里渐渐远去，警察还会过来盘问你一些尖锐的问题……

在上面这种情况中，我们已经做了很多艰难的工作。有关火车的方程将保持不变，唯一的变量是你的跑步速度。400 米的世界纪录保持者是南非运动员范尼凯克（Wayde van Niekerk），他的平均速度约为 9.3 米 / 秒。我们假设你的速度是 5.7 米 / 秒，你可以保持这个速度大约 1 分钟。所以，我们列出的方程变成：

$$5.7t=2.8t+75$$

减去 $2.8t$，得到：

$$2.9t=75$$

下一步除以 2.9：

$$t=75\div 2.9$$

$$t=25.9\text{（秒）}$$

大功告成！这个时间还在你可以跑 1 分钟的范围之内，也在火车驶离站台前的 45 秒之内。你跳上火车最后一节车厢，就像跳着芭蕾舞一样，气喘吁吁，之后你走向餐车，喝上一杯值得庆祝的伏特加。

为什么要冒着吸引注意力的风险而快跑过去呢？也许优哉游哉地慢跑过去也能让你及时赶到。假设你慢跑的速度为 4.4 米 / 秒，和经常在周末慢跑的人速度一样。你可以保持这个速度跑完站台的距离：

$$4.4t=2.8t+75$$

减去 $2.8t$，得到：

$$1.6t=75$$

然后，除以 1.6：

$$t=75\div 1.6$$

$$t=46.9\text{（秒）}$$

糟了！你判断失误。当你离火车只有几米远的时候，你跑到了站台的尽头，只能看着火车加速驶往欧洲。目前，跳远的世界纪录保持在 8.95 米，但这与本章没什么关系……

正如在本场景中遇到的那样，我们需要解几个方程时，画一个曲线图来表示距离与时间的关系会更简单。我们可以在同一图上，看到飞奔、快跑和慢跑的速度以及火车速度的曲线。如果跑步者的曲线越过了列车的曲线，这意味着你和列车在同一时间达到了同一地点。

可以看到，每条曲线的斜度表示物体的速度。飞奔曲线是最陡的，快跑曲线和慢跑曲线紧跟其后。

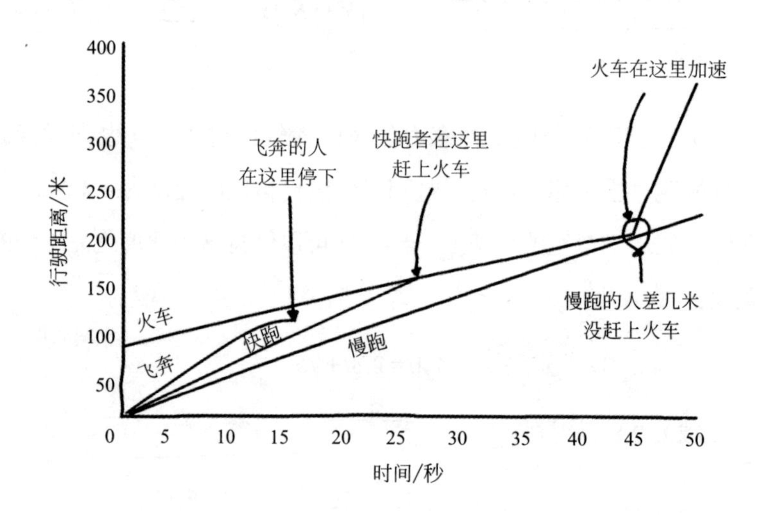

这列火车的曲线在44.6秒前是最平缓的，但在44.6秒后加速，速度变为最快。请注意，它在时间为零的时候，也已经领先75米了。

在本章中，我们忽略了加速度——物体的加速与减速。这是一个合理的假设，因为当你开始跑的时候，火车已经在行驶了。人也很快就达到了飞奔、快跑或慢跑的速度。当物体转弯时，我们也得到了加速度——也就是你在环形交叉路口开车时，感到的一种让人不舒服的力。我假设此处的站台又好又直，所以我们不用担心加速度。但是，加速度是下一章的要点。

第7章

灯光、摄像，开拍

你在好莱坞得到了一个大好机会——你将担任一部大制作动作电影《功夫之女》片场的武术指导。该片的导演一向拒绝使用电脑特效技术来修饰动作，他以此在业内闻名。在这部片子的一个镜头中，他希望女主角珍妮·朗德豪斯（Jenny Roundhouse）用她标志性的一脚把对手踢飞，踢到房间的另一边。你给特技演员绑上安全带，绳索的一端连着沉重的沙袋。沙袋可以从升降机井扔下去，经过一段距离掉落地面，这样做可以在空中水平方向拉动特技演员。沙袋应该多重呢？如果太轻了，视觉效果就会减弱。如果太重了，你会发现自己不得不想办法将一个人从石膏板墙里弄出来。

在那之前，我们先讨论一下重量和质量。尽管两者听起来相似，但它们实际上不是一回事。两者在我们的日常语言中常常互换使用，这使得问题更加复杂。

根据组成原子的亚原子粒子的类型和数量，每个原子都有一定的质量。如果你把自己体内每个原子的质量加起来，你就会得到总质量。如果你去过月球，或者去过轨道上的空间站，你的质量不会改变，因为你仍然是由那些原子组成的。

可是我们无法通过原子的分类和数量来算出自己的质量，因此经常用重量来帮我们计算。重量是一种由地球引力引起的力，与质量成正比，会朝着地心的方向把你往下拉。质量越大，重量越大。

我们将在第 8 章中看到类似的情况，这是因为我们站在地球上。力能对物体做三件事：改变速度、改变方向或改变形状。当受到的力达到平衡状态，物体保持不动，也保持不变。当你站着的时候，你的重量向下，但是你的腿产生的力抵消了向下的力，所以你的速度、方向或形状都不变。如果你的腿不再有这种力，这三种因素都可能发生变化。同样地，我们驾车匀速行驶时，引擎产生一个让汽车向前加速的力，但是这个力受到前进阻力，两个力相互抵消了，所以汽车保持稳定的速度向前行驶。脚一踩油门，引擎产生的力就增加了，汽车也就加速了。随着汽车加速，遇到了更多前进阻力，前进阻力最终将增加，以抵消引擎产生的力。当这种情况发生时，汽车已经达到了一个新的稳定速度。

如果我带你去月球，你的质量不会改变，但重量会改变。你的重量会减轻，因为月球上的重力更弱，你可以像宇航员一样高高地弹跳起来。质量和重量之间的差异在列方程时非常重要，你要使用方程来计算即将发生在你的特技演员身上的情况。

艾萨克·牛顿（被苹果砸中的那个家伙）在 17 世纪就搞清楚了这个问题。他发现人类的经验是由重力主导的，思索若没有重力会发生什么这一问题。这实属天才之举。他提出了三大运动定律：

第一定律：如果作用在一个物体上的力被抵消了，那么这个物体将会保持此前的状态，运动（或不动）。

第二定律：力 = 质量 × 加速度。

第三定律：每一种力都有一个大小相等、方向相反的反作用力。

牛顿第二定律给了我们计算出沙袋重量的方程。

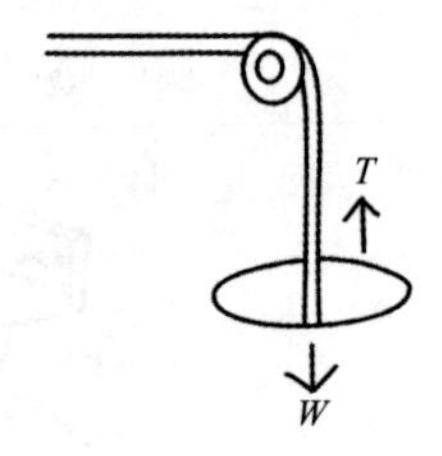

沙袋质量乘以地球表面重力加速度（9.81 米 / 秒 ^{2}），得到沙袋重量（一个力），加速度通常用字母 g 表示。这样一来，我们就得出了重力的公式：

$$W=mg$$

作用在沙袋上的另一个力是绳索上的拉力，力的方向朝上。如果绳子的拉力等于沙袋的重量，那么沙袋就不会移动。如果沙袋的重量大于拉力，总力或合力的作用方向朝下，沙袋将开始获得加速度。沙袋上的力：

作用在沙袋上的合力 = 重力 − 拉力

如果沙袋的质量为 M 千克，拉力为 T 牛（已知的力的单位），则

作用在沙袋上的合力 $=Mg-T$

根据牛顿第二定律，力等于质量乘以加速度，所以如果我用 a 来表示沙袋的加速度，我可以用 Ma 代替合力：

$$Ma=Mg-T$$

绳索的另一端是特技演员。

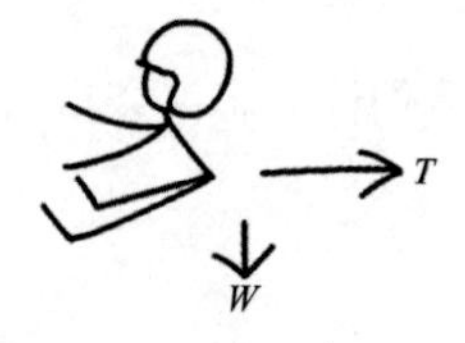

如果他时间拿捏得准确，在正确的时间起跳，那么当沙袋开始移动时，他就已经在空中了，这样一来，就不会有任何力来抗衡绳索向右的拉力了。特技演员的质量仍然产生一个重力，但这个作用力向下，所以不会干扰水平方向的拉力。作用在特技演员上的力是：

水平合力 = 拉力

如果特技演员的质量为 m，则

$$ma=T$$

所以你有了两个方程，现在需要知道当你增加沙袋的质量时，加速度如何变化。这两个方程里，a 的值必须是相同的：沙袋下落时，绳索拉动特技演员。你不知道绳索上的拉力，所以最好把它从你的方程式里去掉。你已知 $T=ma$，你可以像这样把 T 替换掉，求加速度：

$$Ma=Mg-ma$$

等式两边都加上 ma：

$$Ma+ma=Mg$$

然后，等式左边提取公因数，得到：

$$(M+m)a=Mg$$

等式两边同时除以括号里的数，得到：

$$a=\frac{Mg}{M+m}$$

如果特技演员的质量是 65 千克，加速度 g 是 9.81 米 / 秒 ^{2}，得到：

$$a = \frac{9.81M}{M + 65}$$

我们现在可以画曲线图，观察加速度随着 M 的增加是如何变化的。

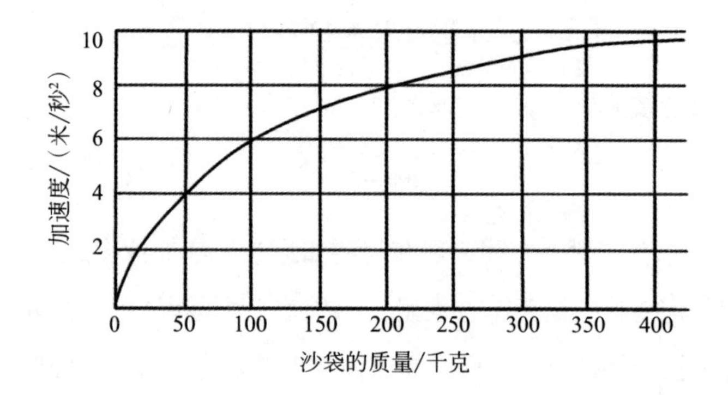

如上图所示，不管沙袋增加到多重，加速度只会刚好增加到小于 10 米 / 秒 ^{2} 的值。想想看，这很有道理——你不可能让沙袋的下落速度超过重力影响下的速度，尤其是沙袋的另一端还拖着特技演员的时候。所以即使沙袋很重，加速度的上限也只会是 g：9.81 米 / 秒 ^{2}。

对于特技演员来说，这样的加速度可以接受得了吗？加速度通常用重力加速度 g 的数量来衡量，而且，人体在有限的时间内是可以承受相当大的重力加速度的。坐过山车的时候，可能会承受 3 ～ 4 倍的重力加速度，但不会产生任何不良影响，所以那些训练有素的特技演员应该不成问题。

李小龙的一寸拳

一代传奇的武术家李小龙可以在短短 2.5 厘米外一拳打飞一个壮汉。据他的经纪人介绍，几十年的训练使他能够快速持续地激活身体大部分主要的肌肉，从而释放出这种爆发力。他的拳头能以 200 千米 / 时的速度击打目标。

使用动量，也就是物体的质量乘以它的速度，是分析物体碰撞的一个好方法。在物体碰撞中，动量守恒，这意味着系统中的总动量不变。当李小龙击中那人时，他拳头和手臂的动量转移了。我们知道，李小龙的质量大约是 61 千克，而手臂的平均质量大约是一个人总质量的 5.3%。所以李小龙的手臂动量（简称 BLAM）应该是：

$$\mathrm{BLAM}=mv$$

$$\mathrm{BLAM}=61\times5.3\%\times55$$

$$\mathrm{BLAM}=178\ (\text{千克·米/秒})$$

BLAM 转移到了目标上，我们假设目标是一个质量为 75 千克的普通人：

$$mv=178\quad v=178\div75$$

$$v=2.37\ (\text{米/秒})$$

这显然涉及很多估值，但我们可以看到这个人以一定的速度向后移动。

你现在需要计算出他们能移动多远的距离。我们将在后面的章节中，更详细地讨论物体是如何在空气中运动的，但是现在让我们粗略地了解一下我们已知的内容。假设你用了一个很沉的沙袋，可以让特技演员获得8米/秒^{2}的加速度，假设他在空中“飞”了1秒钟。加速度表明，特技演员的速度每秒增加8米/秒。这意味着，持续1秒钟的空中飞行结束时，他的速度将达到8米/秒。如果你假设他在刚开始时没有动，那么他飞行的平均速度将是4米/秒（因为0和8加起来的平均值是4），因此他将飞行4米。如果特技演员能同时把自己向后抛，这个距离还可以进一步增加。要是你把沙袋换成可能让加速度超过重力的绞车会怎么样呢？多少才算太多？

其实，在你的日常工作中，你很少会遇到能超过由重力产生的1g的重力加速度的情况。一辆像样的跑车的加速度可能达到1g。要想达到更高的加速度，你真的需要专业设备，比如战斗机、过山车、一级方程式赛车或火箭。人们可以在短时间内忍受较高的重力加速度；2003年，在得克萨斯州的一场赛车事故中，美国赛车手肯尼·布拉克（Kenny Brack）在加速度峰值高达214g的车祸中死里逃生，这多亏了他车里的安全设备。一个训练有素的特技演员，做好了加速的准备。他系上辅助的安全带来分散作用在身上的力，这可以让他承受比沙袋施加的1g更大的加速度。所以，你可以问问导演想让把人踢飞的这个动作达到多么夸张的程度。如果他同意搞得更刺激一些，也许可以花钱买一个强有力的绞车。

第8章 你身价如金

你是个黄金和贵金属经销商。一旦探矿者有重大发现，你就会飞往世界各地与他们见面。你位于澳大利亚的联络人开采了一处金矿，你要乘飞机与其见面。不过，你得快点儿，因为随后你还要在新加坡与一位买家于当天会面。你突然想到——能用自己的物理知识让自己多省点儿钱吗？你懂得离地球越远，引力的强度就越小。你的计划是接上澳大利亚联络人并带上挖出来的黄金，然后和你一起飞往新加坡，在飞行途中给黄金进行称重。你离地球越远，黄金的重量也就越轻，轻到低于它在地面上的重量。如此一来，你厚着脸皮，得到了折扣，而这一部分折扣价是你原先不得不支付的。那么，100 千克黄金你能省多少钱呢？

把所有物体吸引在一起的力叫作引力（重力）。引力使我们大部分时间牢牢地待在地球表面，但是引力也使月球沿着轨道绕地球运转，使行星绕太阳运转，甚至使整个星系的恒星绕其中心旋转。在上一章，我们用过引力公式，即 $W=mg$。这有点儿一刀切了，因为该公式其实只适用于地球表面的情况。引力公式实际上是由牛顿的万有引力定律（全称）推导出来的，如下所示。

$$F = \mathrm{G}\frac{m_1 m_2}{r_2}$$

该公式表明，两个物体之间的引力等于这两个物体质量（m_1 和 m_2）的乘积除以它们之间距离（r）的平方；然后，这个值乘以万有引力常数（用大写字母 G 来表示）。任何两个有质量的物体都可相互吸引，但因为 G 的数值很小［0.00000000006674 牛・米^2/（千克）^{2}］，我们需要有质量很大的物体，才能产生明显的引力。月球、行星和恒星的质量很大，大到足以产生引起我们注意的力。

快速减重

如果你买不起私人飞机来帮你减重，那就去秘鲁的瓦斯卡兰山旅行。它的高度（6,768 米）起到的作用肯定和飞机一样，但你可以利用这一点：就像许多想要减重的人一样，地球经过自转运动，其中间部分有点儿凸了出来。由于瓦斯卡兰山靠近赤道，地球的自然凸起有助于降低引力，这里的引力与 15,000 米高空的飞机上的引力几乎相同。当然，攀爬近 7,000 米的山也能帮你减轻几磅体重！

该方程的分母是 r^2——两个物体之间距离的平方。这就是你可以省钱的地方。你无法减少探矿者黄金的质量，也无法减少地球的质量，而顾名思义，引力常数是个不变的常数。但如果你在高空交易的话，你可以改变地球中心与黄金之间的距离。

求同一个未知数，我们似乎列出了两个方程——牛顿万有引力定律以及 *W=mg*。你怎么知道该用哪一个呢？据估计，地球的质量约 5,972,000,000,000,000,000,000,000 千克。如果你要在晚宴上宣布一个令人震惊的事实，不想下次再受到邀约，这就相当于 6 尧（尧它）千克（6×10^{24} 千克）。从地球中心到地表的平均距离为 6,371 千米，即 6,371,000 米。我们看到了上述 G 的常数值，所以如果我们把这些数一起代入公式，得到：

$$F = 0.00000000006674\times\frac{5,972,000,000,000,000,000,000,000\times m_2}{6,371,000^2}$$

$$F = 9.81m_2$$

可知，将 G、m_1 和 r^2 一起代入公式，得到 9.81 米 / 秒 ^{2}，也就是 g 的值。因此，G、m_1 和 r 在地球表面都是常数，我们可以用 *W=mg* 这个方程。对于所有不在地球表面的东西，比如你的私人飞机，你应该使用万有引力定律。

在海平面上，地球和 100 千克黄金之间的力是：

$$F = 0.00000000006674 \times \frac{5{,}972{,}000{,}000{,}000{,}000{,}000{,}000{,}000 \times 100}{6{,}371{,}000^2}$$

$$F = 982\text{（牛）}$$

两物之间的吸引力就是黄金的引力。值得注意的是，黄金以同样的力吸引着地球，但由于地球很重，这个力所引起的加速度可以忽略不计，作用于地球不同面的所有力往往相互抵消。所以，当你站在秤上称体重时，实际上计算的是支撑你抵消引力所需的力。秤经过校准后为每 9.81 牛等于 1 千克。

现在，你的商业型喷气式飞机的最大飞行高度为 15 千米。这样一来，r 的值增加了 15,000：

$$F = 0.00000000006674 \times \frac{5{,}972{,}000{,}000{,}000{,}000{,}000{,}000{,}000 \times 100}{(6{,}371{,}000 + 15{,}000)^2}$$

$$F = 977\text{（牛）}$$

所以，黄金的重量在这个高度比在海平面少 5 牛。这个差别并不大，大约 500 克，相当于一罐豆子。有一点要注意的是，你如何给黄金称重非常重要。如果你使用老式的杠杆秤，两边有两个秤盘——一个放黄金，一个放砝码——你省钱的计划将不会实现。这是因为你用来称黄金的砝码的重量也会更轻，所以黄金仍然会看起来有 100 千克——失败而归！但是，既然你有一架私人飞机，你可能也使用高精度电子秤。

让我们看看这种秤对价格产生的影响。在我写这段文字的时候，黄金每千克值 3.8 万英镑。因此，500 克可以省下 1.9 万英镑，这钱可以买很多豆子罐头了。你仍然要付给探矿者 3,784,506 英镑，所以双方都会对这个结果感到高兴。

第9章

三分球

你一抬头，看到计时器正在闪动，倒计时开始了——篮球锦标赛的决赛只剩下几秒钟。你所在的球队落后两分，但如果你在自己所站的位置上，远距离投进一球，你将得到三分，并成为你所在高中的传奇人物。你知道，观众中有职业联赛的球探，现在你有机会向他们展示在巨大的压力下你表现如何。如果你大获成功，你梦想中的篮球奖学金和职业球员的生涯离实现只有一步之遥。如果你错失这一记投篮，你会让整个团队、你的教练以及所有支持你的人大失所望。你万万不能让这种事情发生。你投篮的速度应有多快？又以什么角度投出去呢？

被投射而没有任何推力的物体叫作抛体。关于抛体发射的方式已有很多研究。让我们来看看：无论是狩猎（丢石头、用矛、射箭、发射子弹等）、消遣（玩球），还是打仗（打炮弹、扔手榴弹、发射子弹等），我们人类确实喜欢发射东西。甚至英语中连研究抛体运动的名词——弹道学（ballistics）——也来自一种古老的武器——弩炮（ballista）。这是一种巨大的弩，可以向另一方投掷长矛或石头。所有这些物体的运动轨迹很大程度上取决于发射时的速度和角度。这运动轨迹会呈曲线形，也称为抛物线。抛物线是指圆锥面与平行于某条母线的平面相截而得的曲线。

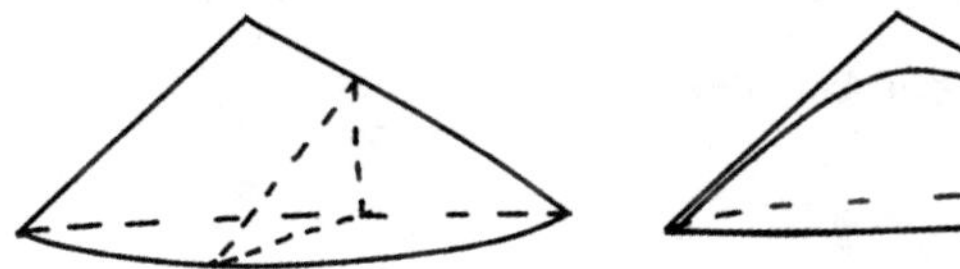

当你研究有关抛体的数学问题时，你需要做一个重要的假设来简化问题。在你的这个问题里，篮球投射的速度不会那么快，时间也不会那么久，空气阻力不会产生很大的影响，所以你会忽略空气阻力。这就意味着，在抛出球后，引力是唯一影响球的力。

在这种问题中，把球的运动分解成两个部分（水平运动和垂直运动）确实很有帮助。你已知，引力是唯一影响球的力，引力的作用方向垂直向下，那么球的水平速度必须是恒定的。所以为了确保一定的运动轨迹，你要在垂直高度和水平距离之间权衡一番。如果你扔球的角度太大，那么就不会有足够的水平距离，投篮就难以成功，因为投射的速度大部分都用于抵消引力了，球只是飞得更高。如果你扔球的角度太小，球便会在到达篮筐之前落下，因为没有留出足够的发射速度来抵消引力。

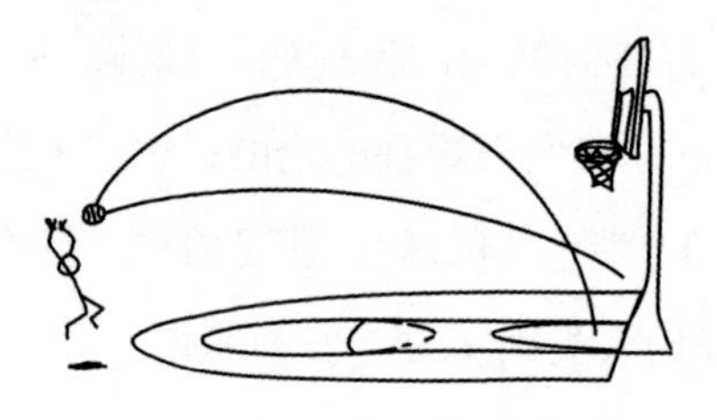

因此，最好的折中办法是扔球的角度要适中，这一点很有道理。为了让球在特定的发射速度下飞得最远，水平速度和垂直速度要相等。如果你以与水平线 45° 的角度投球，就会发生这种情况。这样一来，你还将三角学排除在解决方案之外，因为你可以使用勾股定理来求所需的发射速度。我们假设，你在与篮筐平齐的线上投球，这样一来也简化了数学问题。

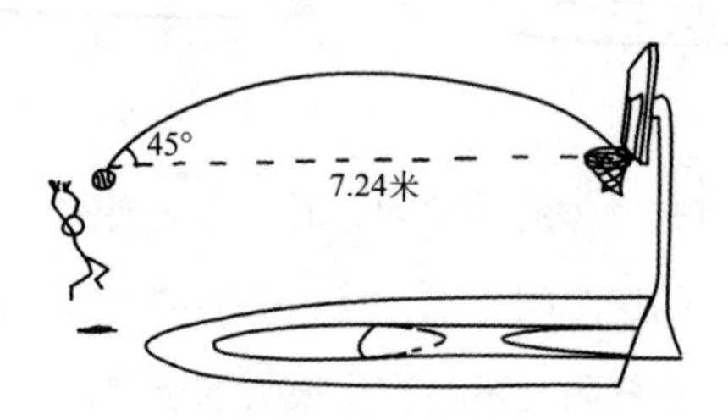

你把发射速度（V）与水平及垂直速度分量（我称之为 u）联系起来，就可以使用勾股定理。如果球在对角线上移动 V 米，那么水平和垂直分量必须相等，因为该三角形为等腰三角形。也就是说，在这种情况下，勾股定理用数学语言表达为：

$$V=\sqrt{u^2+u^2}$$

$$V=\sqrt{2u^2}$$

遵循前面提到的恐龙遗骨的逻辑，对式子右边进行处理：

$$V = \sqrt{2}u$$

帮你解决剩余问题的方程是牛顿的一个运动方程，如下所示。

$$s = ut + \frac{1}{2}at^2$$

你将会看到根据该方程会列出两个不同的等式。一个表示球的水平运动，另一个表示垂直运动。s 代表位移，也就是球的起始位置到球投掷出去后的距离。发射速度的分量——无论方向是水平还是垂直——用 u 来表示，t 表示时间，a 表示加速度。

水平方向没有加速度，也就是说 $a=0$，所以你可以去掉整个 $\frac{1}{2}at^2$：

$$s_{\mathrm{h}} = ut$$

下标 h 是为了提醒我们，这是水平方向列出的方程。垂直方向上的加速度是由引力引起的。垂直移动的距离指的是球向上移动的距离，该数为正。引力作用的方向和这相反，所以在这个方程中，引力为负。把 $a=-g$ 代入方程：

$$s_{\mathrm{v}} = ut + \frac{1}{2} \times (-g) \times t^2$$

整理方程右边，得到：

$$s_{\mathrm{v}} = ut - \frac{1}{2}gt^2$$

你想要求出投球所需的速度，所以你想要解出"$u=$"的方程。方程里不要有 t，因为你不知道投球会花多长时间，你也不想算出来。你可以通过重新整理第一个方程来消除 t，用 s_{h} 和 u 表示 t。

$$s_{\mathrm{h}} = ut$$

两边同除以 u 得到：

$$\frac{s_h}{u} = t$$

t 的值——时间——在水平方程和垂直方程里相等。这意味着你可以把上面的结果代入垂直运动方程：

$$s_v = ut - \frac{1}{2}gt^2$$

代入之后，方程变成：

$$s_v = u\frac{s_h}{u} - \frac{1}{2}g\left(\frac{s_h}{u}\right)^2$$

破纪录者

2014 年，美国人义隆 · 布勒（Elan Buller）在 34.3 米开外投篮得分。这一记投篮的发射速度达到 18.3 米 / 秒，相当于近 66 千米 / 时，这让人震惊不已。好球！到目前为止，投篮最高的高度达 200 米，这一记球从莱索托的瀑布顶投下。这一投，空气阻力起着很大的作用。球旋转时，开始产生上升的力，并随速度的增加而增加。就像一个熟练的足球运动员可以踢香蕉球一样，澳大利亚人德里克 · 赫伦（Derek Herron）在投篮时，也必须考虑到这种影响。不过，他确实花了 6 天时间才练习好。

这可能看起来让人犯难，但该方程可以简化一点，因为 $u \div u = 1$，你可以把括号里的数求平方：

$$s_v = s_h - \frac{g s_h^2}{2u^2}$$

接着，你可以慢慢找到 u。

两边同时减去 s_h，得出：

$$s_v - s_h = -\frac{g s_h^2}{2u^2}$$

两边同时乘以 u^2：

$$u^2\left(s_v - s_h\right) = -\frac{g s_h^2}{2}$$

然后，除以等式左边括号里的数：

$$u^2 = -\frac{g s_h^2}{2(s_v - s_h)}$$

最后，等式两边同时开平方：

$$u = \sqrt{-\frac{g s_h^2}{2(s_v - s_h)}}$$

最后，我们可以代入数字：g 是 9.81 米 / 秒 ^{2}，s_h 为到篮筐的水平距离 7.24 米，s_v 为 0，因为我们假设投球的位置与篮筐平齐。

$$u = \sqrt{-\frac{9.81 \times 7.24^2}{2(0 - 7.24)}}$$

$$u = 5.9592\text{（米 / 秒）}$$

现在你已知发射速度的水平分量与垂直分量，你可以用这些数来计算投球的速度：

$$V=\sqrt{2}u$$

将 $u=5.9592$ 代入，得：

$$V=\sqrt{2}\times 5.9592$$

$$V=8.43\,(\text{米}/\text{秒})$$

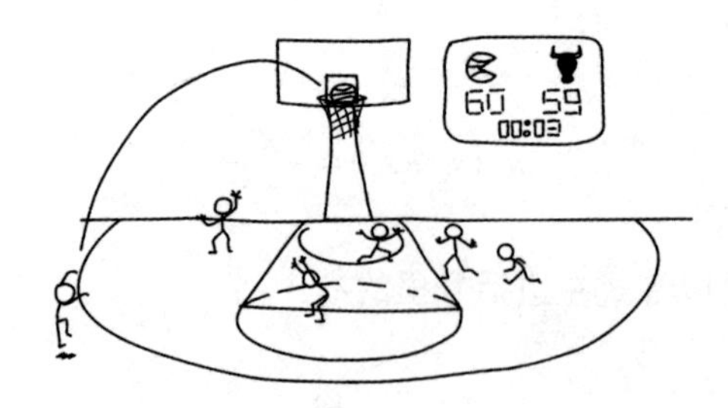

如果你投球的速度更快，你可能会得到两种让你得分的运动轨迹。有了额外的速度，你投球的角度可以更大，这也许会给对方的巨星球员吊高球。或者，你投球可以更快，运动轨迹可以更平缓，这也许可以避免给对手留出时间来拦你的球。

你在头脑中快速完成这些所有的有关“弹道”的计算后，你以45° 及 8.43 米 / 秒的速度投出了球，为你的团队赢得了冠军。篮球奖学金、职业生涯、全世界的追捧，统统都是你的！

第10章

轻装上路

独自徒步到南极是你终其一生的挑战。众所周知，1912 年罗伯特·斯科特（Robert Scott）考察队的五名成员都在这里丧生。该地地形独特，气候寒冷，位置偏僻，这一切都让每一次南极之旅可能成为一场生死较量。身为世界上赫赫有名的探险家和耐力极强的专家，你渴望面对这场终极考验，希望利用好这次机会，为自己的慈善机构筹集一大笔善款。你打算拖着一架装着你所有装备和口粮的雪橇，来度过这次长达 120 天、2,900 千米的旅程。你有着一切最新的轻型装备，但你需要精确计算出需要带多少食物才能生存下去。你带得越多，雪橇越重，所以你拉动雪橇消耗的能量越多，你需要的食物也就越多。但是，如果你带的东西不够多，那么你就没有足够的能量完成此次旅行。出于对环境保护的考量以及医学研究的需要，你不能在这儿留下任何东西，包括任何人类废弃物，而且你还接到要求，要在此次旅途中收集一些冰块样本。这样一来，雪橇不会变得越来越轻。

卡路里——我们都听过这个词，而且我们很多人都根据卡路里来选择食物。就食物而言，1 卡路里实际上指的是 1 大卡，等于 1 千卡。1 千卡是使 1 千克水的温度升高 1 摄氏度所需要的热量。科学家通常用焦耳（J）作为能量单位，而 1 千卡相当于 4,184 焦耳[1]。

我们的身体每时每刻都在消耗能量，甚至在我们不运动的时候也是如此。这些能量在基本的新陈代谢过程中消耗，如心跳、呼吸、维持体温，有时甚至用于思考。体重、身高和体型不同，能量也不同，但是一位个头平常的成年人每小时消耗约 100 千卡热量，相当于每天消耗约 2,400 千卡热量。

如果你摄入的能量比消耗的多，你的身体就会将之转化为自己的储备——先是脂肪，然后是肌肉。斯科特船长的失败有诸多因素，但其中一个肯定是，即使他的口粮每天包含大约 4,300 千卡，这也远远不够，不足以应对恶劣环境下的要求，无法补偿巨大的体力付出。每个人的体重在旅程结束前都减了 30 多千克。

食物中主要的能量是脂肪、碳水化合物和蛋白质。每克碳水化合物或蛋白质可提供约 4 千卡热量，而每克脂肪可提供 8.8 千卡热量，是前者的两倍多。正因为如此，我们身体才将多余的食物储存为脂肪，这也是我们很难减肥的原因之一。1 千克脂肪代表 8,800

[1] 热量的法定计量单位为焦耳，卡路里（简称卡）是热量的非法定计量单位。卡与焦耳的换算有两种，热化学取 1 卡＝ 4.1840 焦，国际蒸汽表取 1 卡＝ 4.1868 焦。——编者注

千卡热量——一个职业自行车手一整天骑车也消耗不了这么多热量——这相当于3.5天的正常热量摄入。纤维是有效消化所有这些热量所必需的营养物质，每克纤维有1.9千卡。

在你参加南极马拉松之前，你要改变你的饮食，储存更多脂肪。这样做很有用，但是你需要计算出你从饮食中会获得多少能量。按质量计算，你和营养师确定的定量为50%脂肪、20%蛋白质、20%碳水化合物和10%纤维。如果我们10千克的口粮平均包含：

食品成分	含量（克）	能量计算	能量（千卡）
脂肪（8.8千卡/克）	5,000	8.8×5,000=	44,000
蛋白质（4千卡/克）	2,000	4×2,000=	8,000
碳水化合物（4千卡/克）	2,000	4×2,000=	8,000
纤维（1.9千卡/克）	1,000	1.9×1,000=	1,900

这10千克食物总共44,000+8,000+8,000+1,900=61,000千卡，所以每千克6,100千卡。

你有两种方式消耗这些能量。首先，你需要确保自己每天用于生存的能量是2,400千卡。当然，除此之外，拉着雪橇，穿越广袤无垠的南极洲，你还要消耗很多额外的能量。如果我们把这个看成方程，那么该方程是：

总能量 = 拉雪橇能量 + 生存能量

所以，让我们先看看你拉雪橇时要消耗多少能量。为了弄明白大体的意思，你需要先简化问题。我们假设，你以恒定的速度拉动雪橇，空气阻力不是影响因素。首先，我们假设旅途中地形平坦。

你要克服的主力是摩擦力。摩擦力是与运动方向相反的力。如果你试着向一个方向拉雪橇，摩擦力就会起相反的作用。当你以恒定的速度移动时，摩擦力和你产生的力必须相等，否则你会加速或减速。

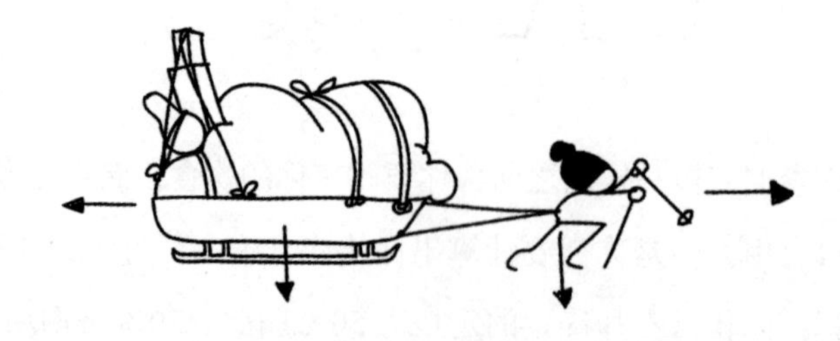

摩擦取决于两个因素。第一是相互接触的材料——我们这里指的是雪橇底部的滑轨和冰雪。雪橇在南极地表上移动的好坏实际上取决于南极地表本身实际性质。正如因纽特人有很多词来描述雪一样，每种雪都会与雪橇产生或多或少的摩擦。

第二是雪橇的质量。雪橇越重，你需要克服的摩擦力就越大。运动物体的摩擦公式为：

$$F=\mu W$$

μ（希腊字母）称为摩擦系数，表示两个物体表面之间的相对摩擦。如上所述，雪各有不同，但是你将在工作中使用一个平均值——0.2。W 代表重量——在这种情况下，指的是你和雪橇的总重量。雪橇的质量包括雪橇本身的结构质量及所有货物和食物的质量。雪橇有25千克，帐篷、燃料、炉子等设备为100千克，再加上食物的质量（我们称之为m_f）。这使得载重雪橇的质量等于$25+100+m_f=125+m_f$。假设你的质量是70kg，总质量是：

$$总质量=125+m_f+70$$

$$总质量=195+m_f$$

重量是质量乘以g，所以总重量是$(195+m_f)g$。把这个代入摩擦公式，得到：

$$F=\mu(195+m_f)g$$

如果你代入μ和g，就可以计算出你穿越南极洲需要克服的摩擦力：

$$F=0.2\times(195+m_f)\times9.81$$

该等式可重列为：

$$F=0.2\times9.81\times(195+m_f)$$

0.2×9.81得出：

$$F=1.962\times(195+m_f)$$

把括号展开，得出：

$$F=1.962\times195+1.962\times m_f$$

$$F=382.59+1.962m_f$$

所以，你可能会想，你是如何把这个力和之前所有关于能量的讨论联系起来的？其实，产生力所需的能量或所做的功就等于力乘

以距离 d：

$$拉雪橇能量 = 摩擦力 \times 距离$$

$$拉雪橇能量 = (382.59+1.962m_f) \times d$$

你要走的距离 d 是 2,900 千米，也就等于 2,900,000 米：

$$拉雪橇能量 = (382.59+1.962m_f) \times 2,900,000$$

去括号，得出：

$$拉雪橇能量 = 382.59 \times 2,900,000+1.962m_f \times 2,900,000$$

$$拉雪橇能量 = 1,109,511,000+5,689,800m_f$$

该能量的单位是焦耳，这是能量的法定计量单位。你会发现用千卡计算会更简单，所以，你可以除以 4,184 进行单位换算：

$$拉雪橇能量 = 265,179+1,360m_f$$

现在你该计算生存能量需求了。你知道，自己每天需要 2,400 千卡才能避免在雪地里翻个底朝天，你也知道这趟旅行长达 120 天，所以得出：

$$生存能量 = 120 \times 2,400=288,000$$

所以你需要 288,000 千卡才能在旅途中存活下来。你那可挽救生命的能量方程如下所示：

$$总能量 = 拉雪橇能量 + 生存能量$$

$$总能量 = 265,179+1,360m_f+288,000$$

$$总能量 = 553,179+1,360m_f$$

所需的总能量都由食物提供。你已知，每千克食物将提供 6,100 千卡能量，所以总能量必须是食物质量乘以每千克食物所含的 6,100 千卡：

$$6{,}100m_f=553{,}179+1{,}360m_f$$

要解这个方程，你可以把所有的 m_f 项放在一起，两边同时减去 $1{,}360m_f$：

$$6{,}100m_f-1{,}360m_f=553{,}179$$

$$4{,}740m_f=553{,}179$$

最后，两边都除以 4,740，就能知道你需要多少食物：

$$m_f=553{,}179\div4{,}740$$

$$m_f=117\text{ 千克（最接近的值）}$$

你可以看到，每天所需的食物不到 1 千克，不到 6,100 千卡。但事实上，你肯定需要更多的食物。刚开始，你设定的模式是你将匀速运动。但事实上，你不会按上述描述的行进。你会多次停下来、休息一下、查看 GPS、吃点东西、去上厕所。每次雪橇停下来之后，都需要能量让它再次移动，因为你必须提供充足的力来使雪橇加速并克服摩擦力。

你设定的模式还假设你会在一个水平的地表上行走。如果你像斯科特和他那不幸的团队一样从罗斯冰架出发，你的起点大约是海拔 15 ～ 50 米。南极本身海拔 2,835 米。在冰架与南极之间是横贯南极山脉，峰顶高达 4,500 米。你肯定会要登山！忽略空气阻力也可能过于乐观。南极的天气极端多变。即使在夏天，平均气温也只有零下 26 摄氏度，暴风雪随时可能发生。从南极高海拔地区下降的冷空气会产生一种被称为重力风的现象，其风力可以超过飓风。这不是你想徒步去的地方。你会收拾好你的雪橇，最终决定增加一些额外的口粮。

艰苦的工作

1992 年至 1993 年间，英国探险家雷纳夫 · 法因斯（Ranulph Fiennes）和迈克 · 斯特劳德（Mike Stroud）试图在没有食物运送和后援队支持的情况下穿越南极洲。他们事先给自己增重，因为每天的能量预算约为 5,500 千卡，他们预期每人要瘦 10 千克。事实上，他们的体重大约减少了 25 千克。斯特劳德是一名医师，他在途中做了详细分析，并得出了结论。他称，在最艰难的日子里，他们每天会消耗多达 1.1 万千卡的热量。他们的血糖水平已经降到不失去意识的情况下的最低水平。他们最终排除万难，成功地花了 97 天穿越了南极洲。

第11章

降落伞的运动方程

你的商务旅行圆满结束，现在你正坐在飞机的商务舱里享受着一小杯香槟。你与你的邻座阿旺蒂卡（Avantika）展开了一场有趣的对话。她和你一样是一名国际商务旅行者，把握纱丽服[1]的当下趋势，扩展其家族企业，发展世界各地的VIP客户。突然，飞机晃动了起来。引擎和飞机前部发出巨大的撞击声，你带着安全带猛地向前倾斜。乘务员尝试着呼叫，但未获得驾驶舱的回应，你正看着这一幕而忘记了放在自己腿上的冰镇饮料。“鸟撞！”你听到他在和另一名机组人员说话。这时你也注意到引擎持续不断的

[1] 印度妇女的一种传统服装。——译者注

呜呜声已经停止，你感觉飞机开始下落。当你在月光笼罩的东南亚丛林中滑翔而不见任何飞机时，接着你发觉座位下面的救生衣毫无用处，只有降落伞才能救你一命。然后，你想到了你卖纱丽服的朋友随身行李中携带有尺码俱全的布料。在飞机坠毁前制作一个可用的降落伞，这有可能吗?

现代客机是不可思议的东西。根据西北大学（Northwestern University）的研究，在飞机上，每 10 亿英里有 0.07 位乘客死亡，而在汽车上每 10 亿英里有 7.28 人死亡，在摩托车上有高达 213 人死亡。统计上来说，你死在汽车里的可能性是死在飞机里的 100 倍。然而，飞机的飞行速度非常快——500 节 / 时或 900 千米 / 时。因此，当飞机遇到像一群大雁这样的物体时，撞击会非常猛烈。2009 年，美国航空公司（US Airways）的一架从纽约起飞的航班就发生了这种情况。幸运的是，飞机成功迫降在哈得孙河，所有人都幸免于难。要想了解更多详情，请去看电影《萨利机长：哈得孙河上的奇迹》。

至少从列奥纳多・达・芬奇（Leonardo da Vinci）开始，人们就有了降落伞的概念，因为他在 1485 年曾画过一个非常像样的降落伞。2000 年 6 月，英国跳伞运动员阿德里安・尼古拉斯（Adrian

Nicholas）成功地发明并使用了这一装置。

降落伞的基本原理很简单。当一个物体在空气中（或任何其他的气体或液体）下落时，它会受到阻力。阻力会随着物体速度的增加而增加，直至它等于下拉的重力，即重量。这时，物体停止加速。下落的速度取决于下落物体的大小和形状，这叫作收尾速度。对于一个“腹部朝向地面”的跳伞运动员来说，速度大约是 55 米 / 秒或 120 英里 / 时。如果你以这个速度落地的话，那你的小命就要“收尾”了。降落伞极大地增加了下落物体的表面积，这意味着它必须在下落过程中推开更多的空气。因此，阻力大得多，而收尾速度也低得多。有了现代的降落伞，生还的概率要高得多，因为降落的速度是 5 米 / 秒或 11 英里 / 时。

因此，我们想要平衡重力和阻力。重力等于物体的质量乘以重力加速度。阻力与空气密度、物体的下落速度、大小及形状有关。

$$重力 = 阻力$$

$$mg = \frac{1}{2}\rho C_{\mathrm{d}} A v^2$$

别被右边那些字母给吓着了。A 为降落伞的横截面积——在降落伞口处的圆形面积；m 为下落物体和降落伞的质量；g 是重力加速度；ρ 是空气密度；C_d 是降落伞的阻力系数，可用来测量降落伞的空气动力；v 是所需的下降速度。

究竟谁需要降落伞呢？

从飞机上掉下来而没有降落伞的情况下，有极少数人最终生还了，但其中大多数人都受了重伤。有几个人甚至更加幸运。第二次世界大战期间，英国空军中士尼古拉斯·阿尔克马德（Nicholas Alkemade）的兰开斯特战斗机在突袭柏林后遭到袭击，机体失控。他的降落伞在大火中烧毁了，但阿尔克马德还是决定跳下去，他宁愿摔死也不愿被烧死。他从五六千米高的高空跳了下来，但奇迹般地先是落到松树上，然后落在了一片深深的雪堆里。他甚至能够走开，只受了一点轻伤。2012年，特技演员加里·康纳利（Gary Connery）可能是第一个在没有降落伞的情况下从飞机上故意跳下来而幸存下来的人。他在泰晤士河畔亨利镇附近上空720米高处从一架直升机上跳下，借助一件羽翼服，落在18,000个纸箱上。

当你要做降落伞的时候，你需要知道要做多大的降落伞，还要重新排列这个方程，把 A 作为求解的对象。首先，方程两边同时除以 $\rho C_d v^2$

$$\frac{mg}{\rho C_{\mathrm{d}} v^2} = \frac{1}{2} A$$

然后，两边同时乘以 2，得到关于 A 的公式：

$$A = \frac{2mg}{\rho C_{\mathrm{d}} v^2}$$

因此，把一些数字代入方程：

m 是你的质量（以千克为单位）加上降落伞的质量。假设总质量是 100 千克。

g 是 9.81 米 / 秒 ^{2}。至少在地球上是如此。

ρ 在海平面上是 1.2 千克 / 米 ^{3}。按照你跳下飞机越晚越好的原则，这个数值是合理的。

C_{d} 的值就比较棘手了。我们很难用数学求出任何特定形状的阻力系数，所以，我们往往用风洞做实验来估值，或者只是给物体下落的过程计时。一个好的圆顶形降落伞的阻力系数大约是 1.5，而平面的阻力系数大约是 0.75。你的纱丽降落伞的阻力系数可能位于两者之间，所以你估计是 1.1。

v 在某种程度上可以自由选择，你选的值越大，所需的降落伞就越小。以 9 米 / 秒或 20 英里 / 时的速度着地相当于从 4 米高的地方跳下来。虽然结果不是很好，但还是可以活下来的，而且运气再好一些的话，都可能不受伤。

因此：

$$A = \frac{2 \times 100 \times 9.81}{1.2 \times 1.1 \times 9^2}$$
$$= 18.4（米^2）$$

这就是所需的降落伞孔口的面积。圆的面积等于 πr^2，因此：

$$18.4=\pi r^2$$

你需要重新列出关于 r 的等式，两边同时除以 π，然后开平方：

$$r=\sqrt{\frac{18.4}{\pi}}$$

$$r=2.42\text{（米）}$$

所以，要做降落伞，你需要用纱丽布做一个半球（半球体）。要做到这一点，你需要知道纱丽的用量。半球表面积等于 $2\pi r^2$，这正好是圆横截面积（πr^2）的 2 倍。因此，如果你需要 18.4 平方米的横截面积，那么就要 $18.4\times2=36.8$ 平方米的纱丽布。

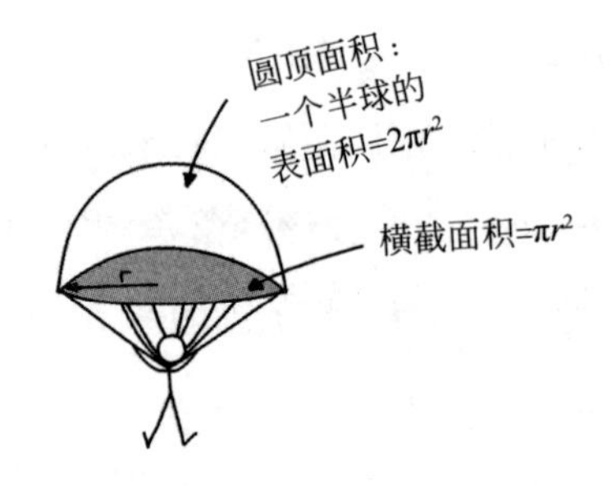

降落伞顶曲面的长度是球体周长的一半。周长 $=2\pi r$，所以周长的一半是 πr。

$$\begin{aligned}\text{曲面的长度} &= \pi r \\ &= \pi\times2.42 \\ &= 7.60\text{（米）}\end{aligned}$$

你转身面向阿旺蒂卡，不假思索地说出想用她的纱丽做降落伞的想法。她觉得你疯了，但很高兴你能帮她把注意力从迫在眉睫的坠机事件上转移开。她告诉你，她的纱丽布有 8 米长，1 米宽，也就是说 5 块纱丽布的面积为 40 平方米，正好能做出恰当的横截面。但是你有时间把它们缝在一起吗？

当任何物体开始在静止的空气中滑翔时，我们需要考虑三种力：升力、阻力和重力。

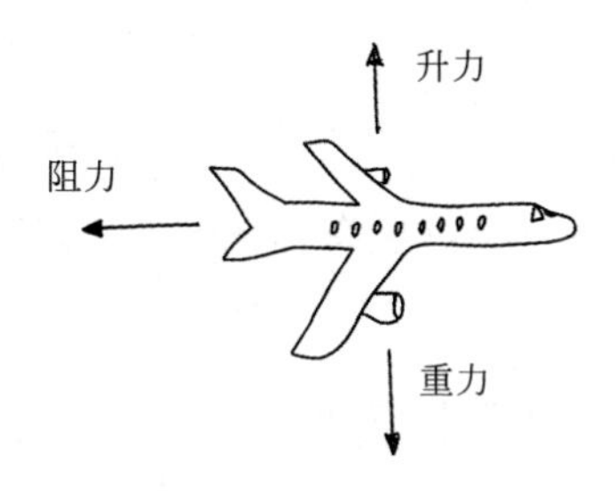

如果没有引擎、上升气流或热量等动力来源，一架滑翔机不牺牲速度就不可能上升。这意味着飞机在前进的同时会下降。下降的程度取决于滑翔比，而滑翔比本身取决于飞机飞行的速度。滑翔比表明，你每前进 1 米，飞行滑翔机的高度就下降一些。客机的滑翔比通常在 15 : 1 到 20 : 1 之间，也就是说，每下降 1 米，你就向前移动 15 ～ 20 米。

假设你的飞机的滑翔比是 17.5 : 1。如果你的飞机在 8,000 米的高空（顺便说一句，这个高度在许多候鸟的飞行高度之内），那么它要飞行 8,000×17.5＝140 千米才能到达海平面。

这似乎是一段很长的距离，但别忘了飞机的飞行速度很快。客机的速度一般大约为 250 海里 / 时，也就相当于大约 130 米 / 秒。要算出你有多长时间，就需要用距离除以速度，得到时间：

$$\text{时间}=\frac{\text{距离}}{\text{速度}}$$

距离为 140,000 米，速度为 130 米 / 秒：

$$时间 = \frac{140,000}{130}$$

$$= 1,077（秒）$$

这还不到 18 分钟。这个时间用来制作降落伞够吗？我们希望如此吧！但是如何确保降落伞的形状正确呢？

大多数圆顶降落伞是用三角形状的防撕尼龙布块缝合成一个大圆。你没有足够的时间去做这件事。幸亏，阿旺蒂卡有一些神奇的胶水，可以又快又牢地将纱丽布粘在一起。如何用长方形的布料做一个大致呈圆形的降落伞呢？

也许不需要用胶水把长条粘在一起的最快方式是将长布料中间部分重叠，做成星形：

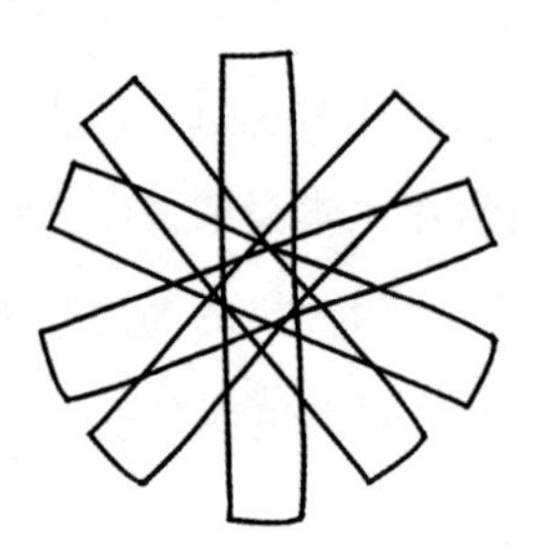

你会看到，最终你会得到一个有 10 个角的星形。这做起来可能很快，但重叠的做法会浪费一些表面积[1]。阿旺蒂卡建议用 6 块纱丽布来拼，但 6 件够吗？这样拼起来的面积是多少？

事实证明，用 6 块纱丽布做成 12 个角的形状，可以让计算更容易一些，所以你就选择这样做了。我们可以通过观察这个形状的十二分之一来计算出总面积：

---

❶ 虽然 5 块纱丽布料的总面积为 40 平方米，满足所需的 36.8 平方米，但是因为有重叠部分，拼合的总面积会小于 40 平方米，不能确定是否还能达到 36.8 平方米。此句暗含这样一个意思。——编者注

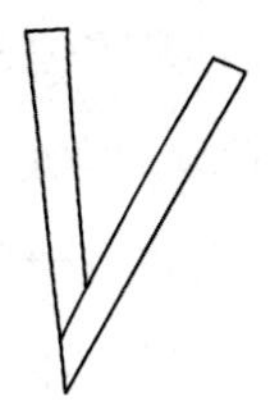

幸亏，凭借阿旺蒂卡对纺织品和图案剪裁的熟练掌握，她可以告诉你，上面这个图形的面积为 3.07 平方米。你把该得数乘以 12，就可以得到总面积。

节与海里

在日常旅行中，我们使用千米和英里来衡量需要走的路程，而在这种情况下，我们假设你在一个平面上行走。如果你走得更远，就需要考虑到，无论声称那些地球是平的人怎么说，地球始终是个球体，所以你实际上是沿着曲线行走的。1 海里的定义是地球经线上纬度 1 分的长度，等于 1.852 千米或 1.15 英里。1 节等于 1 海里 / 时。节是水手用来测量舰船行驶速度的。他们在船尾处扔下一块木板，然后计算木板上有多少绳结在半分钟里穿过手指缝，每节之间距离 8 英寻（1 英寻即 6 英尺），用这种方式得出一个近似的速度。飞行员也和水手一样以节来计算速度，但为了简单起见，我在这一章中把计算的单位改为更熟悉的千米每时。

貌似奇迹般地，你最后的得数是 36.8 平方米，这几乎正好是你需要的面积。你是个上天眷顾的幸运儿。

你从机舱周围的救生衣里解下一些绳子，尽可能安全地系在你自己和降落伞的两端。飞机已经下降，你甚至可以不戴氧气面罩呼吸，所以你决定现在是跳伞的最佳时机。你给了阿旺蒂卡一个拥抱，跟她道别。她摇了摇头，不敢相信你会把自己的生命托付给双手临时抱住的布料和救生圈。乘务员会帮助你进入飞机下腹的一个小舱口。你开始倒计时……

第12章

太空救援

你身为下一代航天飞机的飞行员，会定期将物资、设备和太空游客运到由私人财团和科技界亿万富翁管理的太空度假村。你正准备离开一个叫作 Spacebados 的太空站，这时，突然收到了来自另一个太空站 No Geeland 的求救信号。一次陨石撞击事件让他们陷入了麻烦，现在需要撤离。你能从自己的轨道飞往他们的轨道，挽救大局吗？你现在正乘坐着 150 吨重的航天飞机，位于距地球 400 千米的轨道上，而你需要与 50 千米外的另一个太空站会合。你能到达那里跟他们会合吗？

我们都看过火箭发射的画面。巨大的发动机颤抖着，几乎要超出控制，凭借巨大的动力，离开了地球进入太空。飞船返航时，我们能看到其外壳会被无情的太空之旅弄得伤痕累累，而一旦情况不对，则会发生灾难性的致命后果。太空旅行对人类和机器来说都是终极挑战。

真的是这样吗？

太空离我们头顶有 100 千米。这并不是很远。德国的 V–2 火箭在 1944 年最先造出来，成为第一个进入太空的人造物体；而到了 2004 年，就连业余火箭爱好者也能成功地将火箭送入太空了。也就是说，人类探索太空已经有相当一段时间了，你不需要非得在 NASA（美国国家航空航天局）工作才能进入太空。但是，让人造物体一直留在太空才是最困难的。

正如我们在前几章中看到的，引力随与地球距离的变化而变化。在 100 千米高空时，重力加速度大约是 9.5 米 / 秒 ^{2}，这是在地球表面时的 97%。实质上，我们可以将物体直接发射到 100 千米的高空，它们会进入太空，但之后会再次下落。然而，我们知道，地球被形状各异和大小不同的卫星包围着：通信卫星、间谍卫星、太空激光器、国际空间站，甚至还有月球。是什么让它们不会掉落地球？是什么让它们留在那里？为什么空间站上的宇航员看起来处于失重状态？

要理解其中原因，我们可以像牛顿（对，又是他）第一次计算出结果时一样，进行非常相似的思维过程。如果你水平扔一个球，它会沿着一条弯曲的线落地。你扔得力道越大，它飞得越远。在球飞行的过程中，地面实际上在沿前进方向向下弯曲。对于扔某物这件事来说，这通常不是一个问题，因为它们不会飞得很远，地球的曲率也就不会产生影响。再次强调，牛顿的天才之处在于他看到了这一点，然后提出问题：如果你非常非常用力地扔会怎样？

在忽略那些无聊的因素，比如空气阻力、物体和山脉的情况下，如果你用力扔球，它就会沿着地球的曲线绕地球一圈，然后击中你的后脑勺。或者，如果你走开，它会继续绕着地球转。在这种情况下，我们说这个球是在绕地球轨道旋转。你必须以正确的速度扔球，才可做到这一点——太慢，它会着地；太快，它会飞向太空。

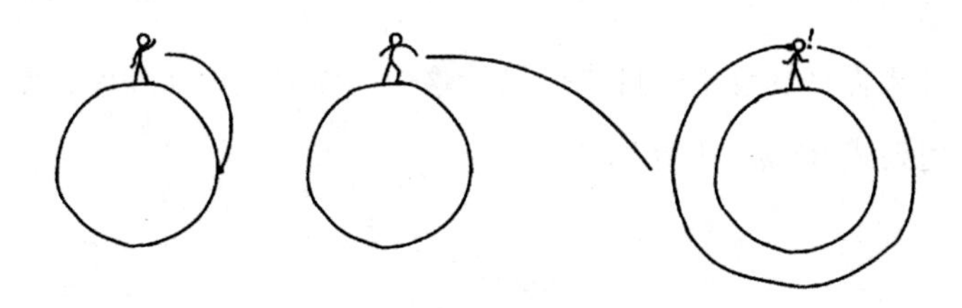

球需要绕圈运动。当你坐在一辆正在转弯的汽车上时，会感到有一股力量把你拉向一边。这是因为你改变了方向，此时出现了一种力才会发生这样的现象。当汽车转弯时，车轮的摩擦力提供了转弯的力。这种摩擦是有限的，所以如果你转弯太快，汽车会向外打滑，这有点像向对面扔球的时候太用力。根据经验，我们知道在圆周运动中，我们感受到的力取决于我们的速度和圆周的半径。

运动物体的质量也很重要。想象有一个物体在绳子上，把绳子套在自己身上，然后转圈。物体越重，你在旋转过程中使的力就越大。圆周运动中力的关系式为：

$$F = \frac{mv^2}{r}$$

任何沿着圆周运动的物体都需要把它拉到圆心的力，否则它就不会沿着圆周运动。在套绳子的例子中，这个力就是绳子上的张力。把绳子割断，物体就会飞出圆圈之外。

卫星（和非常用力抛出的球）没有系着绳子，所以它们的圆周运动力必须由重力（引力）提供——其重量提供了力。

所以，你扔出去的球会沿着环绕地球的圆运动，因为重力不断地把它向下拉——换句话说，无论你扔的速度有多快，球都会下落。这也是为什么空间站中的宇航员看起来没有受到引力的影响的原因。事实上，他们是自由落体状态，不断地下落，但总是与地球失之交臂。

如果你真的想用球打中自己的脑勺，你得在地球表面，所以你可以用公式 $W=mg$ 来计算。

$$mg = \frac{mv^2}{r}$$

方程两边都有质量，所以可以两边除以质量从而把它消掉。这表明，轨道上的物体质量不会影响所需的速度。你现在可以重新整理方程式，列成关于 v 的等式，这样你就可以计算出你扔球需要多快的速度才能让它绕着地球轨道运动：

$$g = \frac{v^2}{r}$$

要把 v 分离出来，下一步就是在等式两边同时乘以 r：

$$gr = v^2$$

然后等式两边开平方：

$$\sqrt{gr} = v$$

地球半径为6,371千米，重力加速度是9.81米/秒^2，这样就得到：

$$v = \sqrt{9.81 \times 6,371,000}$$

$$v = 7,906\text{（米/秒）}$$

这一扔的速度的确够快的，约为2.8万千米/时。作为参照，这里可以告诉大家，职业棒球运动员、板球运动员等最快投掷速度约为160千米/时。用手射箭最快的速度可以达到600千米/时。世界上最快的喷气式飞机当属洛克希德公司SR-71黑鸟战略侦察机，也只能达到3,500千米/时。如果你把空气阻力考虑在内，想以我们上面计算出来的速度发射任何东西，同时还希望它不与大气摩擦而迅速燃烧，这是不可能的。

在地面上扔球固然很好，但你的航天飞机是在Spacebados空间站轨道上。其轨道高度约为400千米（离地心6,771千米）。所以，你需要用万有引力公式，将重力减小这个因素考虑在内，而不是把 mg 放在公式的左边。由于在方程中有两种不同的质量需要考虑，为了避免混淆，我们将地球的质量称为“m_E”：

$$\frac{Gm_Em}{r^2} = \frac{mv^2}{r}$$

同样，我可以消去方程两边的 m——空间站的质量，也可以消去方程两边的 r：

$$\frac{Gm_E}{r} = v^2$$

对等式两边开平方，得到关于 v 的公式：

$$\sqrt{\frac{Gm_E}{r}} = v^2$$

我们从前面的章节中知道 G［0.0000000000667 牛 · 米 ^{2}/（千克）^{2}］和 m_E（5,970,000,000,000,000,000,000,000 千克）的值。地球半径是 6,371 千米，加上 400 千米的高空，得到 6,771 千米。把这些值代入方程式中，可以得出与空间站对接的航天飞机的速度：

$$v = \sqrt{\frac{0.0000000000667 \times 5,970,000,000,000,000,000,000,000}{6,771,000}}$$

$$v = 7,671（米 / 秒）$$

所以，首先要把航天飞机送到 Spacebados 太空站，你需要足够的能量让火箭逆着重力向上飞 400 千米，并使其达到 7.7 千米 / 秒的速度。这比我们所求的球的速度要慢一点。这是因为 r 是方程式中的分母，这意味着当 r 变大时，所需的速度会随着除以一个更大的数而变小。轨道越高，保持轨道运动所需的速度就越低。你是否在问，这是否意味着你需要减速才能到达更外层的轨道进行救援？

在此时，你就要考虑轨道所需的能量了。我们感兴趣的有两种能量：航天飞机从运动中获得的能量，称为动能，以及航天飞机以对重力做功的形式获得的能量，叫作重力势能。

为了帮助你理解重力势能，要想象你有一件传家宝，也许是一个放在架子上的精致的花瓶。它看起来几乎没有能量——毕竟，它没有运动。但当你的猫跳上架子，把它撞倒时，它会迅速产生加速度掉向地面，然后摔成碎片。这种能量从何而来？它来自最先把它举起来的力。物体有可能仅仅因为所处高度很高而掉落或滚下去，所以它们必然有能量。

因此，动能和重力能（分别用 KE 和 GPE 表示）会相互制约。想象一下把一个球抛向空中，当你扔球的时候，你给了它动能。

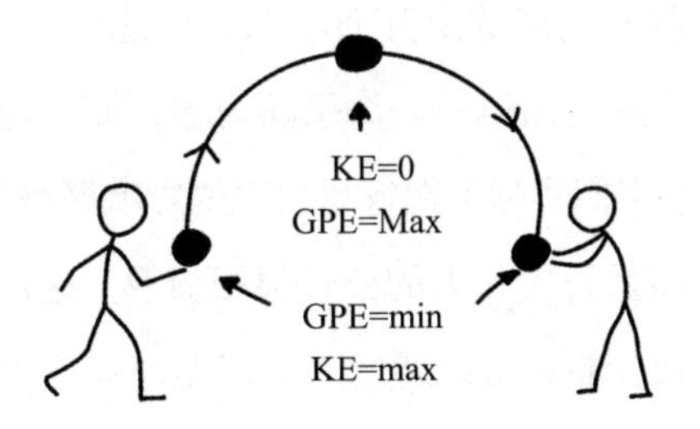

随着高度的增加，这种能量慢慢转化成重力势能。当所有的动能变成重力势能时，球到达顶点。当球再次向下回落时，重力势能又变成了动能。在任何特定的一点上，球投出去就具有了能量。这种能量在球运动过程中由动能和重力势能共同拥有，所以我们可以列出如下等式。

总能量 = 动能 + 重力势能

你的航天飞机也是如此。在给定的轨道上，燃料的燃烧提供了一定量的能量，由动能和重力势能共同拥有。我们需要看看在现在的轨道中我们有多少能量，以及运行到新轨道需要多少能量。能量的计算公式如下所示，m_s 是航天飞机的质量，m_E 是地球的质量。

$$\mathrm{KE}=\frac{1}{2}m_s v^2$$

$$\mathrm{GPE}=\frac{\mathrm{G}\,m_E m_s}{r}$$

不过，重力势能有点特别——它是负数。为什么？当一个物体离地球（或其他重物）很远的时候，重力不会影响该物体。如果你放手，它也不会掉到地球上。如果这个物体在离地球很远的地方能量为零，那么在我们靠近地球的时候，它的能量值必然是负的，所以重力势能仍然随着高度的上升而增加，但能量是从负值开始的。这种情况与海洋的深度相似——海平面为零，而海洋之下的任何高度都是负的。科学家们实际上把行星引力的影响区域称为其重力井。

上面这两个能量公式和力的公式很相似[1]，这是有原因的。我们在第 9 章中看到，能量可以通过力乘以距离计算出来。与速度变化和重力作用的物体相比，这里要考虑的因素更多，但是推理是一模一样的。

现在，你已经算出了，在一个特定轨道内运行所需的速度。如果在动能公式中代入速度的值：

---

[1] 指动能公式和重力势能公式在形式上分别与圆周运动向心力公式和万有引力公式相像。——编者注

$$\mathrm{KE}=\frac{1}{2}m_{\mathrm{s}}v^{2}，其中 v=\sqrt{\frac{\mathrm{G}\,m_{\mathrm{E}}}{r}}$$

把后面的式子求平方代入前面的式子去平方根符号：

$$\mathrm{KE}=\frac{1}{2}m_{\mathrm{s}}\times\frac{\mathrm{G}\,m_{\mathrm{E}}}{r}$$

你可以把它合并成一个分数：

$$\mathrm{KE}=\frac{\mathrm{G}\,m_{\mathrm{s}}m_{\mathrm{E}}}{2r}$$

这看起来与重力势能公式非常相似。那么总能量必须为：

$$总能量=\frac{\mathrm{G}\,m_{\mathrm{s}}m_{\mathrm{E}}}{2r}-\frac{\mathrm{G}\,m_{\mathrm{s}}m_{\mathrm{E}}}{r}$$

这类似于 1/2 减去 1，得到 −1/2：

$$总能量=\frac{\mathrm{G}\,m_{\mathrm{s}}m_{\mathrm{E}}}{2r}$$

如果你能把这个轨道和新轨道的能量比较一下，你就能知道是否需要给航天飞机增加还是减少能量（以发动机燃料的形式）。能量为负意味着火箭减速，能量为正意味着火箭加速。能量的差值等于半径为 r_2 的新轨道的能量减去半径为 r_1 的原轨道的能量。

$$能量变化=-\frac{\mathrm{G}\,m_{\mathrm{s}}m_{\mathrm{E}}}{2r_{2}}-\left(-\frac{\mathrm{G}\,m_{\mathrm{s}}m_{\mathrm{E}}}{2r_{1}}\right)$$

记住，减去一个负数等于加上这个数：

$$能量变化=-\frac{\mathrm{G}\,m_{\mathrm{s}}m_{\mathrm{E}}}{2r_{2}}+\frac{\mathrm{G}\,m_{\mathrm{s}}m_{\mathrm{E}}}{2r_{1}}$$

也就相当于：

$$能量变化=\frac{\mathrm{G}\,m_{\mathrm{s}}m_{\mathrm{E}}}{2r_{1}}-\frac{\mathrm{G}\,m_{\mathrm{s}}m_{\mathrm{E}}}{2r_{2}}$$

等式右边两个分数的分子部分是相同的，而且都除以 2，为了简便，可以先计算这部分的值。

已知 G 和 m_E 的值，我们又知道了 m_s 是 150 吨，也就是 150,000 千克：

$$\frac{G m_s m_E}{2} = \frac{0.0000000000667 \times 150{,}000 \times 5{,}970{,}000{,}000{,}000{,}000{,}000{,}000{,}000}{2}$$

由此得出：

$$\frac{G m_s m_E}{2} = 29{,}880{,}000{,}000{,}000{,}000{,}000$$

你把这个值回代入能量变化方程：

$$能量变化 = \frac{29{,}880{,}000{,}000{,}000{,}000{,}000}{r_1} - \frac{29{,}880{,}000{,}000{,}000{,}000{,}000}{r_2}$$

记住，地球的半径是 6,371 千米，由此得出低轨道 6,371 + 400 = 6,771 千米，较高轨道比该值多 50 千米，为 6,821 千米：

$$能量变化 = \frac{29{,}880{,}000{,}000{,}000{,}000{,}000}{6{,}771{,}000} - \frac{29{,}880{,}000{,}000{,}000{,}000{,}000}{6{,}821{,}000}$$

$$能量变化 = 32{,}300{,}000{,}000（焦）$$

323 亿焦耳绝对是一个正数，所以为了到达更高的高度，你需要燃烧燃料来加速，从而增加能量。这可能看起来与直觉不符，但要到达更高的轨道（你的速度在这个轨道上会变慢），你需要加速。虽然这似乎是一种巨大的能量，但它相当于消耗 125 千克的氧气燃烧掉约 250 千克的氢气。这将产生 375 千克的蒸汽，这就是航天飞机的废气。

当你燃烧燃料，使航天飞机加速时，重力不再足以让你在原来的圆形轨道上运行，所以航天飞机会向外漂移，进入一个鸡蛋形的椭圆轨道。

在这个轨道上，你离地球越远，航天飞机的速度就会越慢，动能又变成了重力势能。当你到达正确的高度时，燃料的再次燃烧将使火箭加速到正确的速度，从而进行圆周运动，使椭圆轨道变回圆形轨道。

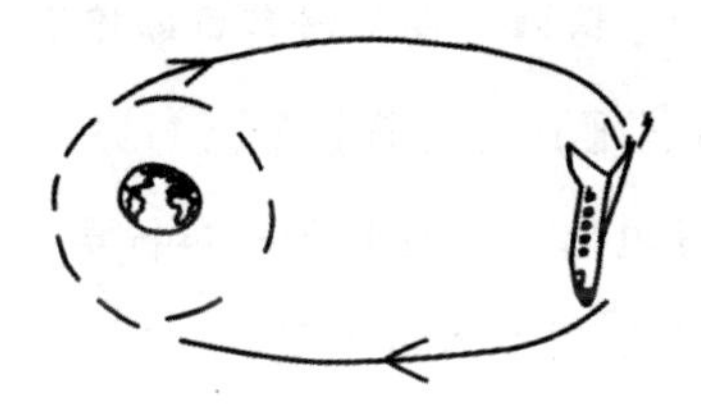

在地面控制系统的帮助下，你可以确定好点火燃烧的时间，进入与 No Geeland 会合的轨道。这样一来，你可以拯救那些心怀感恩的（且非常富有的）太空游客和（不那么富有的）宇航员。

为了回到地球，你必须减少绕轨道运行的能量，所以你要将航天飞机调转方向，朝相反方向推进，才能回到地面。

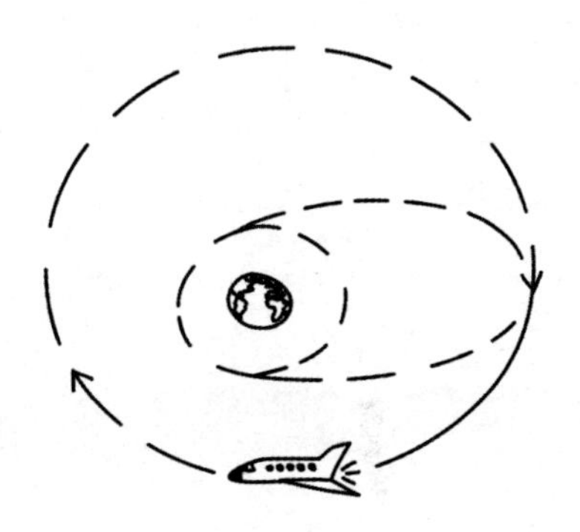

超越轨道

太空旅行十分复杂。重力的变化、由于飞行器耗尽燃料而导致的质量变化、目的地发生变化，这些都使制定航线成为一个重大的挑战。肯定的是，你不能简单地把你的飞行器对准目的地，然后点燃火箭。1977年，两个旅行者号太空探测器发射升空，要陆续造访木星、土星、天王星和海王星。当时这些行星的位置出现了非常罕见的组合，让这两个探测器有可能接近它们。旅行者1号沿着经过仔细计算的轨迹靠近每颗行星，再利用行星的引力将其甩出，使其向下一颗行星飞去。旅行者1号花了18个月的时间接近木星，又花了20个月的时间接近土星。旅行者2号花了12年时间接近海王星。自20世纪80年代末以来，这两个太空探测器一直在朝太阳系外飞行。在撰写本文之际，旅行者1号是距离地球最远的人造物体。经过42年的飞行之后，它处于星际空间中，距离地球超过220亿千米。每隔1秒，它就会行驶17千米。

第13章

钱财翻倍或一无所有

你那老迈的埃比尼泽（Ebenezer）叔叔为人一直难以预测。他经常指责你懒惰散漫、一无是处、大手大脚。所以，在他葬礼后不久，当收到他律师的来信时，你感到非常惊讶。即使死后，这位老人也在戏弄你。他的律师说，老人的遗嘱表明，如果你能证明自己有金融头脑，那么你将会得到丰厚的回报。信上说，埃比尼泽叔叔会给你 2.5 万英镑。如果你能在 5 年内通过投资把这笔钱变成 5 万英镑，他的律师会再给你 100 万英镑。如果你失败了，根据协议条款，你必须退还最初的 2.5 万英镑，而这笔钱将捐给你最不喜欢的政党。你只不过想证明那个老家伙是错的，然后拿走他的钱，但是你如何能在风险最低的情况下做这件事呢？一个收益率不错但老套的储蓄计划可行吗？

自大约 5,000 年前，人们发明货币以来，复利一直是数学家、银行家、经济学家和所有借贷者的兴趣所在。长时间以来，收取利息或放高利贷在人们眼里是一种罪过，而且通常也是非法的。最近发生的短期现金贷款公司收取巨额利息的事件，促使政府加强了监管。

复利会使储蓄增长得更快，这一点我们毫无疑问。复利的概念很简单——你投资了一笔的钱，然后产生利息，而本次利息是作为你本金的一部分进行再投资。如果你把利息存到储蓄中，你就可以从这些利息中获得利息，以此类推。这意味着你的投资增长速度比原本的利率要快。

利息有一个非常重要的因素，那就是你多久一次增加投资的利息。假设你把这 2.5 万英镑存到一个年利率为 5% 的储蓄账户里，该账户每年年底都会收到利息。要使任何一个数字增加 5%，你需要将其乘以 1.05。1 代表你的本金，0.05 代表增加 5% 的小数形式。到年底，当获得利息时，你将拥有 $25,000\times1.05=26,250$ 英镑。还不错——你通过储蓄赚了 1,250 英镑。

另一家银行提供的账户年利率同样为 5%，但利息分两次支付，每 6 个月付一次，利率为 2.5%。2.5% 增长的乘数是 1.025，你需要乘两次，因为有两次 6 个月的利息：$25,000\times1.025\times1.025=26,265.63$ 英镑。这比第一个账户多出 15.63 英镑——利滚利。

让我们走个极端。另一个账户每年的利息为 5%，但每天都支付利息。这样一来，每天的利率是 0.01369863014%，但你一年之中会获得该利息 365 次。你需要将 25,000 英镑乘以

1.0001369863014，乘365次，才能计算出该值。你还记得一个数自乘若干次的形式就是幂的形式，所以你可以用这个更方便的方式写出来：

$$25,000\times1.0001369863014^{365}=26,281.69\text{ 英镑}$$

在这儿，你要用这么多小数位来表示，因为即使是四舍五入一点点，都会对最终的答案产生很大影响。这里我替大家计算了，如果按每小时支付利息的话，你的账户会是26,281.77英镑，仅仅多了8便士。如果你的账户每秒支付利息的话，你就能得到26,281.78英镑，仅仅多了1便士。

你可以看到，在给定的年利率条件下，增加支付利息的频率会导致收益增长的速度递减，但你还可以看到，如果按一年里每天都按5%的利息付息的话，你会多赚31.69英镑。这种利息支付方式给这一年带来了总体影响：利率好像是5.13%而不是5%。每一分的利息都会带来帮助。

此时，要是有一个计算利息的方程式就方便多了。你可能已经发觉，要增加一定数量的投资，你需要计算出一个乘数。该乘数是年利率除以一年中支付利息的次数，再加上1，就等于增加的投资数额。然后，根据每年支付利息的次数，反复乘以该乘数。最后得出了一个方程式：

$$T = I \times \left(1 + \frac{r}{n}\right)^{n}$$

其中 T 是总金额，I 是本金，r 是利率，n 是一年内支付的次数。

这样一来，你就得到了一年的投资总额，但是你会意识到自己需要用多于一年的时间来投资埃比尼泽叔叔的钱，才能达到你的目标。如果你第二年重复该投资过程，你得到另外 n 次的复利。如果你投资了 y 年，那么这个方程式就发生了一个微小的变化——看看你是否能发现：

$$T = I \times \left(1 + \frac{r}{n}\right)^{ny}$$

所以我们现在有一个方程式，你可以把值代进去，看看何时总额超过了 5 万英镑。如果你能重新整理该方程式，列出关于 y 的方程式，那就更好了。然而，y 是方程中的幂。除非你还记得上学时学过幂，否则你不会立马想到该如何去掉方程中的幂。

这就涉及了叫作对数的概念。上了年纪的读者可能还记得电子计算器出现之前，对数表和计算尺利用这一点进行计算。对数的概念相对简单直观，但使用起来却令人摸不着头脑。因此，至少在英国，对数是专为英国高中学生准备的科目。那么就振作起来吧！

10 的若干次幂：

$$10^1 = 10$$

$$10^2 = 100$$

$$10^3 = 1,000$$

以此类推。每次幂增加 1，就要乘以 10。我们可能会遇到非整数的乘方，此时没有电子计算器辅助的话算起来就不容易了：

$$10^{1.5}=31.6227766$$

$$10^{1.75}=56.23413252$$

如果你能把小数写成乘方，这意味着你可以把任何正数写成 10 的乘方。如果你想知道 10 的几次方等于 75，你需要考虑：

$$10^{t}=75$$

你可以用计算器估算一下。你知道 t 的值必须在 1.75（因为 $10^{1.75}=56.23413252$）和 2（如 $10^{2}=100$）之间。吸取了一些试验和错误的教训，我们知道 $10^{1.875}=74.99$，结果精确到小数点后两位。但你不想瞎猜，多年来，人们也不想这样做，尤其是那些需要解未知幂的方程的数学家们。

这个问题的答案是由苏格兰人约翰·纳皮尔（John Napier）在 17 世纪早期思考出来的。他引入了对数的概念，它是求幂的逆运算，因此这是一种还原的方法。他制作了第一张表格，你可以在这张表格里查找所需的幂值。

如果你写下 $\log_{10}(75)$，这个问题就是 10 的几次方等于 75。在过去，你可以在一堆表格中查找这些值，但现在都是用计算器

算出来的。我的计算器告诉我，答案是 1.875061263。你可以用 $10^{1.875061263}$ 来验算，结果确实是 75。这个对数的底是 10。如果这个概念有用的话，你可以根据具体情况换一个底。例如，如果你想解 $2^a=10$，你需要知道 2 的几次幂是 10，你可以用 $\log_2(10)$ 得到答案。答案是略大于 3。因为 2^3 等于 8，而 2^4 等于 16。所以得数 10 一定是 2 的 3 次方到 2 的 4 次方之间。

现在，回到你的问题：

$$T = I \times \left(1+\frac{r}{n}\right)^{ny}$$

如果你想用对数求幂的值（这里指的是括号右上角的数）就更简单了。等式两边同时除以 I，就可以得到：

$$\frac{T}{I} = \left(1+\frac{r}{n}\right)^{ny}$$

这时，代入一些数字，方程就简化了。你所需的总额是 50,000；本金是 25,000；利率是 0.05，而且银行每天支付利息，得到如下算式：

$$\frac{50,000}{25,000} = \left(1+\frac{0.05}{365}\right)^{365y}$$

$$2 = \left(1+\frac{1}{7,300}\right)^{365y}$$

现在你需要知道一又七千三百分之一的几次方等于 2，因为该得数等于 365y，所以：

$$\log_{1\frac{1}{7,300}}(2) = 365y$$

用计算器计算等式左边，你会知道：

$$5{,}060.320984 = 365y$$

要求 y 的值，只需要等式两边同除以 365：

$$13.86389311 = y$$

如果换算成年日，你会发现 13 年 316 天之后，投资将首次达到 5 万英镑。这时间太长了，那么怎样才能更快地增加储蓄呢？你突然想到，埃比尼泽叔叔的遗嘱和开出的条件里没有说你不能用自己的钱。如果你每个月存一点钱——再次利用复利——也许就能补上差额。

首先，你要用复利公式计算 5 年后 2.5 万英镑会变成多少钱。

$$T = I \times \left(1 + \frac{r}{n}\right)^{ny}$$

I 是你的本金 2.5 万英镑；r 是 5% 的利率，用小数表示是 0.05；n 是 365，因为一年里每天都支付利息；y 是 5，因为你的投资期限是 5 年：

$$T = 25{,}000 \times \left(1 + \frac{0.05}{365}\right)^{365 \times 5}$$

简单运算就可得出：

$$T = 25{,}000 \times 1.000136986^{1{,}825}$$

$$T = 32{,}100.09$$

这就需要你通过每月储蓄计划存够 17,899.91 英镑。这笔钱的数学运算要比之前的复利公式稍微复杂一些。假设你每月都存 100 英镑，年利率也是 5%，每月支付利息，那么月利率为 0.417%。你的储蓄就会以这种方式增长：

第 1 个月：100

第 2 个月：$(100\times1.00417)+100=200.42$

第 3 个月：$(100\times1.00417^2)+(100\times1.00417)+100=301.25$

第 4 个月：$(100\times1.004173^3)+(100\times1.00417^2)+(100\times 1.00417)+100=402.51$

你可以看到这里出现了一种模式——数学家称之为级数。起始值——在本例中是100——重复乘以相同的数字（在本例中是1.00417），构建了级数中的项。幸亏，数学家长期以来一直在研究级数，因为它们对于计算 π 、e 等其他各种重要值大有用处。这个总级数可用一个公式来表示，我将根据你的储蓄来计算：如果你每月投资 a 英镑，每月利率为 r，持续 n 个月，总值为：

$$T=\frac{a(r^n-1)}{r-1}$$

因此，每月投资 100 英镑，坚持 5 年（60 个月）将得到：

$$T=\frac{100\times(1.00417^{60}-1)}{1.00417-1}$$

$$T=6,801.30 \text{ 英镑}$$

要算出你每个月需要存多少钱才能存够 17,899.91 英镑，你需要解这个方程：

$$17,899.91=\frac{a(1.00417^{60}-1)}{1.00417-1}$$

为了简便运算，你计算方程右边的一些数：

$$17,899.91=\frac{a\times0.28361431}{0.00417}$$

自然常数 e

雅各布·伯努利（Jacob Bernoulli）是一位瑞士数学家，他对复利饶有兴趣。他发现，一个年利率100%的银行账户（如果你能有这样的账户的话，那真是太好了！）一年之后支付给你的利息将是初始投资金额的2.71828倍。该值——后用字母e来表示——经事实证明，是非常重要的一大发现。方程 $y=e^x$ 曲线上某一点的切线斜率总是等于这个点对应的 y 值。这使得我们可以在任何指数图上进行微积分运算。指数图是指数函数方程的曲线图，指数函数的未知数（自变量）在指数的位置，比如 $y=2^x$ 对于人口增长和流行病研究至关重要。e与π一样，都出现在数学的各个领域。它以数学家莱昂哈德·欧拉（Leonhard Euler）的名字命名。这位数学家在众所周知的欧拉恒等式中使用了e:

$$e^{i\pi}+1 \equiv 0$$

这个公式把五个常数和几个关键的算术概念联系起来。许多数学家认为这是该领域中最深刻、最优美的表述。

方程两边同时乘以0.00417：

$$74.6426247=0.28361431a$$

最后，方程两边同时除以0.28361431，得到 a 的值：

$$a=263.18\text{（英镑）}$$

这是四舍五入到小数点后两位的值，每月按这个数存钱最后得到的总金额与你所需的总数额相差不到 25 便士。二百多英镑占你当前收入的相当大一部分，但你认为，用这笔钱来兑现 100 万英镑报酬的承诺还是很划算的。

一想到埃比尼泽叔叔发现你挑战成功时脸上的表情，你不免笑了起来。但接着，你觉得也许他帮了你一个忙，让你第一次思考自己的财务问题。

第 14 章

发现素数

来自外星人的信息已经被破解了！身为 SETI 的一名高级计算机科学家，你有权了解信息的内容，并负责组织响应。看来他们具有高等文明，而且友好无私。对于其他已经取得足够科学进步的文明，他们愿意分享自己的先进技术。因此，为了验证人类文明是否符合要求，他们发起了一个挑战：如果我们人类能向他们发送一个 1 亿位数的素数，他们将向人类详细介绍一些他们的重大科学突破，这些可以帮助人类将碳排放减少到零，并保护环境免受气候变化的破坏。你能设法找到这样一个天文数字吗?

首先，我们先回顾一下什么是素数。正整数可分为三类：

- 只有一个因数的数（既不是素数也不是合数）
- 素数
- 合数

因数是指一个能整除另一个数的数。数字 1 是每个正整数的因数，因为每个数都能被 1 整除。例如，6 可以被 1、2、3 和 6 整除，这意味着它有四个因数，所以它一定属于第三类：合数。至于为什么叫合数马上会介绍。第一类数很少，只有正整数 1，因为 1 只有一个因数。第二类是素数，素数只能被自身和 1 整除。前几个素数是 2、3、5、7、11、13 和 17。研究已经证明素数是无穷多的。素数非常特殊，对于网上购物来说特别有用（稍后会详细介绍）。

有一个有趣的数学定理，叫作算术基本定理。顾名思义，我们知道它非常重要。首先该定理指出，每个大于 1 的正整数要么是素数，要么是可以由素数相乘得到的数。合数之所以叫合数是因为它们由素数相乘而来。此外，它还指出，每个合数只能以一种方式的素数构成。举个例子，6=2×3，或者 123456=2×2×2×3×3×173。这些数都是通过素数相乘得到的。这使得素数就像是其他所有数的 DNA 似的。

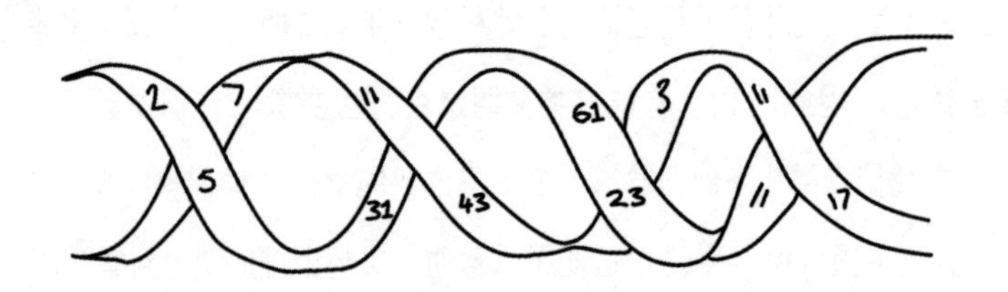

没有公式或特定的方法来检验一个数是否是素数，只能试着用

比它小的素数除以这个数。所以确定大素数十分困难，这也是为什么外星人用它来测试人类文明的发展水平。

两千多年前，古希腊数学家埃拉托色尼（Eratosthenes）提出了一种寻找素数的方法，他是亚历山大传说中的图书馆的负责人。现在这个方法被称为埃拉托色尼筛选法，这个方法首先要列出正整数的列表。标记第一个素数 2，然后把列表中所有 2 的倍数划掉，因为它们必定是合数。然后你继续到下一个未被划掉的数字 3，划掉除它之外所有还在列表中 3 的倍数。重复这个过程，然后你会发现下一个未被划掉的数字一定是素数，因为你已经用所有小于它的素数测试了它。这种方法很好，但是工作量非常大。如果你想知道 323 是不是素数，你必须分别看它是否能被 2（不行）、3（不行）、5（不行）、7（不行）、11（不行）、13（不行）、17（可以！）整除。它能被 17 整除，就说明它至少有三个因数——1、17 和 323——所以它是合数，而不是素数。实际上，323 = 17×19。如果一个合数除了自己和 1 之外的素因数很大的话，就需要很长时间才能找到这些数。

这种东西真的重要吗？如果我们不在乎是不是能够从先进的外星文化那里得到指点，还会有人在乎素数的事情吗？嗯，会的。

素数被用来加密互联网通信，而现在互联网对我们很多人来说非常重要。

素数是互联网加密逻辑的一部分，尤其是一种名为 RSA 安全的算法。RSA 是以其发明者罗恩 · 里威斯特（Ron Rivest）、阿迪 · 沙米尔（Adi Shamir）和伦纳德 · 阿德曼（Leonard Adleman）的姓氏首字母组合的。这是关于是公钥加密的一个例子。该系统使用公共号码加密消息，使用私有号码进行解密。公共号码是两个大素数的乘积（乘法），其原理是加密消息很容易，但在没有私钥的情况下解密消息则需要花费多年的努力。用于创建公钥的素数越大，你的数据就越安全。所以，如果你在网上购物，素数可以保证你银行信息的安全。

找到一个大素数也可能值很多钱。电子前哨基金会（Electronic Frontier Foundation）是一个支持数字隐私的非营利性组织，它为首次被证实为 1 亿位数的素数提供 15 万美元的奖金。这表明，在寻找素数拯救地球的同时，你也可以赚点钱！但是你要做非常多的除法运算，所以如果刚开始就有办法提高找到素数的概率是最好的。

卡尔达舍夫等级

苏联天文学家尼古拉·卡尔达舍夫（Nikolai Kardashev）也参与了苏联对外星生命的探索。他认为可探测到的外星文明可能在科学上比我们的文明先进得多。他提出了一个三级标准对文明进行分级。一级文明将能够驾驭来自太阳辐射到其母行星表面的全部能量；二级文明将能够使用一颗恒星的全部能量输出；三级文明将能够使用整个星系的能量。人类还没有发展到一级文明，但是使用反物质（第 18 章有关于这个的详细内容）可以帮助我们发展到这个程度。

你可以一次去掉 1 亿个数字的一半：任何偶数（除了 2）都不能是素数，因为根据定义，2 是所有偶数的一个因数。通过去掉任何以 5 结尾的数，你可以再消去十分之一的数，因为这些数能被 5 整除。还有其他各种各样的方法可以使用，但即使你去掉了 1 亿位数的 90%，仍然还有非常多数字要核查。即使有一台非常快的电脑来进行这项工作，也要花多年来完成。

所以，除了对剩下的数字进行机械检查，有什么更好的方法吗？ 17 世纪的法国牧师马林·梅森（Marin Mersenne）提出了很好的思路供我们考虑。梅森兴趣广泛，在音乐、哲学和宗教方面都有涉猎，但我们关注的是他在数学方面的工作。他对小于 2 的幂的数感兴趣。这些数字被称为梅森数，公式如下：

$$M_n=2^n-1$$

为求第一个梅森数，设 $n=1$：

$$
\begin{aligned}
M_1 &= 2^1-1 \\
&= 2-1 \\
&= 1
\end{aligned}
$$

同理，对于 $n=2$：

$$
\begin{aligned}
M_2 &= 2^2-1 \\
&= 4-1 \\
&= 3
\end{aligned}
$$

你现在应该明白了。前11个梅森数分别是：1、3、7、15、31、63、127、255、511、1,023、2,047。这对找素数有什么帮助呢？梅森注意到，如果 n 是素数，那么 M_n 通常也是素数：

素数	M_n	素数?
2	$2^2-1=3$	是
3	$2^3-1=7$	是
5	$2^5-1=31$	是
7	$2^7-1=127$	是
11	$2^{11}-1=2{,}047$	否
13	$2^{13}-1=8{,}191$	是
17	$2^{17}-1=131{,}071$	是

上列数字中2,047等于23×89，为合数。梅森数成为许多研究的焦点，但是容易看出，如果没有电子设备的帮助，这些数字很难被检测，也会出现错误。梅森认为 M_{67} 是素数，而实际上它是合数：$2^{67}-1$ 等于147,573,952,589,676,412,927，等于193,707,721×761,838,257,287。直到1903年，也就是梅森去世250年后，这个方法才为世人所知。

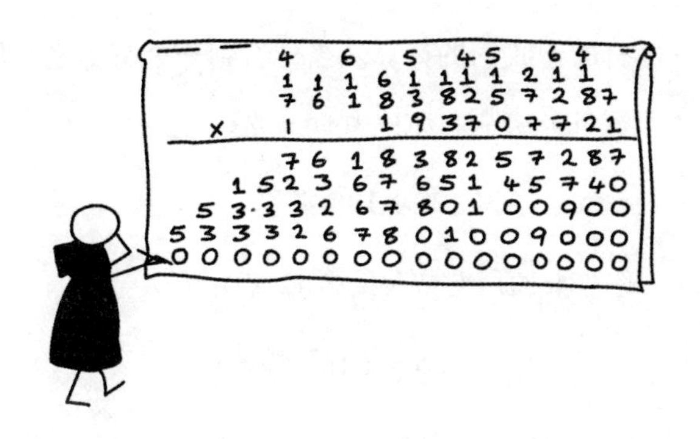

第二次世界大战后，电子计算技术得以应用，检验梅森数的艰巨任务得以更快地完成，并取得了巨大进展。1952 年，加利福尼亚大学的一个研究小组在几个小时内证实了两个新的梅森数——M_{521} 和 M_{607}。迄今为止，总共发现了 51 个梅森数，它们占据了迄今为止发现的最大素数的前 7 位。每次发现一个新的素数，梅森数或其他素数，都可以用来检查另一个梅森数，所以系统生成的新的检查数字变得越来越大。迄今为止发现的最大的梅森数是 $M_{82,589,933}$，它有近 2,500 万位数。

要算出哪个梅森数至少有 1 亿个位数，你可以利用每一个十的乘方数都比它的乘方的位数少一个数字这一事实，例如：

$$10^1=10（2 位数）$$

$$10^2=100（3 位数）$$

$$10^3=1000（4 位数）$$

所以 $10^{99,999,999}$ 一定有 1 亿个位数。我们需要先看看梅森数至少这么大：

$$2^n-1 \geqslant 10^{99,999,999}$$

忽略 -1 有助于我们的计算。当你看到一个有 1 亿个位数的数字时，减去 1 没什么影响。所以方程变成：

$$2^n > 10^{99,999,999}$$

想求 n，你需要使用对数（见第 12 章）：

$$n > \log_2(10^{99,999,999})$$

用计算器来算的话，你会得到一个错误提示，因为 $10^{99,999,999}$ 对于普通的计算器来说太大了。不过，由于幂运算的原理，我们可以使用一个对数技巧。$10^{99,999,999}$ 是 10 自身相乘 99,999,999 遍。如果你有足够的时间和纸张，你可以这样写：

$$10^{99,999,999}=10\times10\times10\times\cdots\times10$$

这为什么重要呢？我们可以使用对数法则，不管底数是多少，$\log(a\times a)=\log(a)+\log(a)$。所以：

$$\log_2(10^{99,999,999})=\log_2(10)+\log_2(10)+\log_2(10)+\cdots+\log_2(10)$$

总共有 99,999,999 个 $\log_2(10)$，也就是 $99,999,999\times\log_2(10)$。这些数字计算器都可以处理：

$$n > 99,999,999\log_2(10)$$

$$n > 332,192,806.2$$

这意味着您可以通过查找一个大于 332,192,806 的现有素数开始搜索，该素数只有 9 位，相对较小。快速浏览后你会发现 M_{31} 是由伟大的瑞士数学家莱昂哈德·欧拉在 1772 年发现的，有 10 位，为 2,147,483,647。也许 $M_{2,147,483,647}$ 会成为最终答案？

最近发现的 17 个梅森数都是通过“伟大的互联网梅森数搜索

项目”（GIMPS）发现的。在这个项目中，参与者下载一个软件，这个软件使用他们电脑的所有冗余处理能力来检查梅森数。尽管我们可以用聪明手段来缩小范围，但工作量仍然很大。你会意识到单凭SETI这个组织是做不到的。你需要公开发布信息，让更多的人参与进来。提供帮助的人越多，就能更快地找到这个素数，然后得到友好的外星人的帮助。你需要告诉你的上司们，是时候让全世界知道真相了——人类在宇宙中并不孤单。

第15章 握手

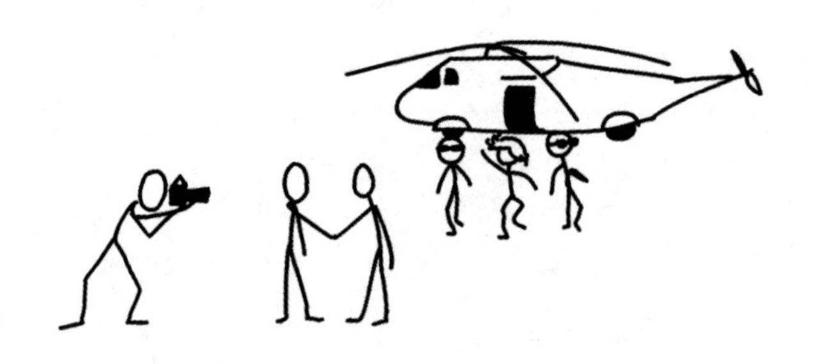

你是国家领导人峰会的官方摄影师，也是捕捉拍摄对象最佳状态的专家。主办方要求你尽量多拍一些握手的照片。但这里有个问题，最后两位国家元首还有一个小时才能到场。这是一对自视甚高、哗众取宠的小丑。他们的发型让人摸不着头脑，政治立场更是可疑。其他 100 位国家元首中，没有一个愿意与他们握手。你知道一旦他们到达，所有元首都会停止握手。在这之前，你有时间拍下每一对可能握手的领导人照片吗？

握手问题在数学中是一个有着广泛研究的领域，其中十分出名的是各种各样又有趣的解决握手问题的方法。为了应对挑战，知道总共要拍多少张照片会十分有用。我们观察下面这几组人，看看他们需要握多少次手。

安娜问候鲍勃，那么目前只握了一次手。

卡拉来了。她需要与安娜和鲍勃握手，所以握手的次数增加了2次。

迭戈来了。他需要与安娜、鲍勃和卡拉握手，所以握手的次数增加了3次。

当伊迪丝来的时候，她需要握 4 次手。依此类推。举个例，当第 25 个人来的时候，他需要和已在那里的 24 个人握手。第 n 个人必须与第 $n-1$ 个已到场的人握手。所以，要计算 100 个人需要握多少次手，你需要算出 $1+2+3+\cdots+98+99$。

在这里，你可以简单地花点时间用计算器，但是连续整数相加又是另一个古老的数学问题。解决这个问题的一种方法是用一些由点构成的三角形。如果你有五个人，你需要握 $1+2+3+4$ 次手，你可以用一个三角形的点阵来表示：

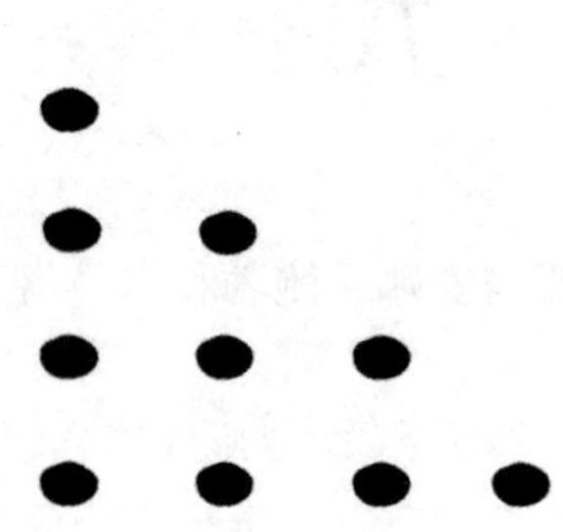

你想要得到三角形内点的数量的公式。

矩形中的点的数量比较容易计算，所以，如果你再加上一个由相同数量的点组成的三角形，你就得到了一个宽 4 点高 5 点的矩形。

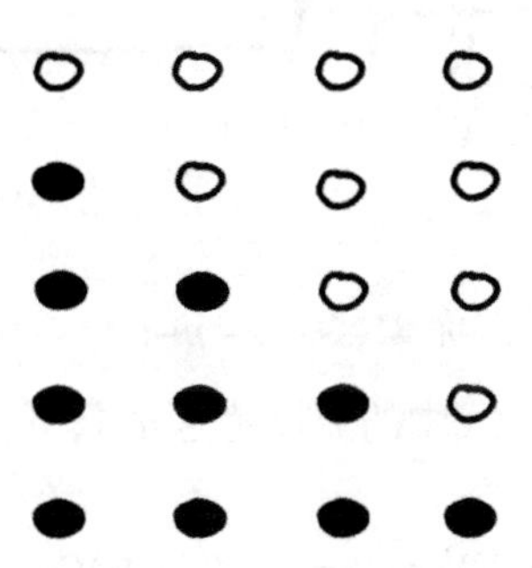

矩形中有 $4\times5=20$ 个点，这意味着每个三角形中必须有 $20\div2=10$ 个点。归纳一下，你可以看到如果三角形有 r 列，由两个这样的三角形组成的矩形就会有 $r+1$ 行。这意味着矩形中有 $r\times(r+1)$ 个点。为了算出原来三角形的点的数量，你必须把这个减半，得出公式：

$$\text{从 1 到 } r \text{ 行的总点数} = \frac{1}{2}r(r+1)$$

数学家十分熟悉该公式，也很了解其中的故事。在 18 世纪晚期，德国数学奇才卡尔·高斯（Carl Gauss）还是一名小学生时，他的老师给他布置了一个任务：把 1 到 100 的所有数字相加。传说高斯发现了这个捷径，并当场解决了这个问题，这让他懒惰的老师既气恼又尴尬。高斯后来成了最伟大的数学家之一。

对于 n 个人握手，你需要握 $r=n-1$ 轮，因为你要使握手的轮数比总人数少 1。将公式中的 r 替换为 $n-1$，得到：

$$n\text{ 人握手次数 } h=\frac{1}{2}(n-1)(n-1+1)$$

$n-1+1$ 就是 n：

$$h=\frac{1}{2}(n-1)n$$

所以 100 位国家元首，$n=100$：

$$h=\frac{1}{2}\times(100-1)\times100$$

$$h=\frac{1}{2}\times99\times100$$

结果等于 4,950 次握手。拍这些照片，每张照片预计只需 10 秒，但总共要花 49,500 秒，也就是 13 小时 45 分钟。所以没有办法在一小时内拍完所有的照片。但是会议中心请你来，并不想听你表示无能为力。让我们来看看你能做些什么。

刷新世界纪录的总统

在1907年的元旦，美国总统西奥多·罗斯福在白宫举行了一个开放日，公众可以来和他们的领导人见面。到白宫大门关闭之时，罗斯福已经和8,513个人握手了。这创下了单日握手次数最多的世界纪录，这一纪录保持了近60年。最长的握手纪录是两对被称为“握手族”的人士2011年创下的，他们在33小时3分钟之后才停止握手。

假设一开始你为各国元首第一轮握手都拍了一张照片。100个人的话，就是50次握手，这将花费500秒的时间来拍摄。那么让我们看看你能在剩下的时间里给多少人拍完整的照片。拍照的时间是握手次数乘以10秒，所以：

$$时间\ t=10h$$

$$t=\frac{1}{2}(n-1)n\times10$$

你可以用10除以2得5简化式子：

$$时间=5(n-1)n$$

你有1小时，也就是60×60=3,600秒。我们已经用了500秒，确保每个人都有至少一张照片，还剩下3,100秒。你需要求解的方程是：

$$3,100=5(n-1)n$$

首先，方程两边同除以 5：

$$620=(n-1)n$$

然后展开括号：

$$620=n^2-n$$

这种方程称为二次方程，因为未知数 n 是平方的形式。这种方程不像线性方程那么容易解，但如果你把方程变成一边等于零的形式，你可以使用二次方程求根公式（见绪言）。为了让我们的方程变成一边等于零，则方程两边同时减去 620：

$$n^2-n-620=0$$

然后把数字代入二次方程求根公式，$a=1$，$b=-1$，$c=-620$：

$$n=\frac{-(-1)\pm\sqrt{(-1)^2-4\times1\times(-620)}}{2\times1}$$

对方程各项进行计算，得到：

$$n=\frac{1\pm\sqrt{1+2,480}}{2}$$

得数应为正数且保留至小数点后一位，得出 $n=25.4$。这意味着你可以拍下 25 个人握手的照片，需要 $5\times24\times25=3,000$ 秒。这还给我们预留了 100 秒的时间，你可以用这点时间再拍 10 张照片，或者擦擦你额头上的汗。

你可以用图来表示所有国家元首握手的情况。如果你把 100 位国家元首当作一个圆周上的点，用点与点之间的连线来代表握手，你会得到一个复杂的图。此图名为“神秘玫瑰”，也许是因为它看起来有点像老教堂里那种圆形玫瑰彩色玻璃窗。真正让人感到不可思议的是，虽然事实上，这个图完全是由直线构成，但它看上去似乎有同心圆和曲线。下图是25人之间握手的玫瑰图，由爱德华・普拉特（Edward L. Platt）在其个人网站的神秘玫瑰生成器制作。

神秘玫瑰对你的问题并没有什么帮助，但它看起来确实很棒。

主办方对你的解决方案很满意。当一架引人注目的大型直升机和一队豪华轿车停在会场外的时候，你的任务也刚好完成。

第16章

安排座位

逃离符拉迪沃斯托克（海参崴）后，你回到了你的未婚妻身边，她也是一名国际间谍。对你来说至关重要的日子即将到来，所有的准备工作都在进行中。你需要做的最后一项工作是确定婚礼宴会的座位安排。问题是，你和你未来的妻子有很多特殊的朋友，他们是卧底，不能坐在一起，以防他们认出对方。有没有一种数学方法来安排座位，从而得到一种即使不去尝试也不会出错的解决方案？如果你出错了，将带来非常深远的政治影响，并且你多年谨慎的间谍活动将大白于天下。

用数学来安排座位似乎有些奇怪，但座位问题已经引起了数学家们的兴趣。例如，在 19 世纪晚期就出现了“婚姻问题”：如果你处在已婚人士的社交圈，你能有多少种方式让所有夫妇男女交替地坐在同一张圆桌旁，但是不让夫妻二人坐在一起？

尽管问题的表述很简单，但要得到答案却相当棘手。其中部分原因是，当时即使是仅仅从事理论研究的数学家，也只想着要让所有女士优先就座，其他的安排方法对他们来说都是无法想象的。这种情况的数学运算非常复杂，就连法国数学家雅克·陶查德（Jacques Touchard）也花了 40 多年的时间才找到第一个解。1986 年，美国的肯尼斯·鲍嘉（Kenneth Bogart）和彼得·道尔（Peter Doyle）提出了一个简单得多的、没有性别歧视的解决方案。

1963 年，德国数学家格哈德·林格尔（Gerhard Ringel）首次提出了另一个名为“奥伯沃尔法赫问题（Oberwolfach Problem）”的座次难题。这个问题涉及在德国奥伯沃尔法赫数学研究所参加会议的用餐者。具体说来就是，如何让所有代表坐在不同大小的圆桌上，以使在为期多日的会议中，每个代表只与其他代表坐在一起一次。我们已知的是代表的数量是个奇数，并且已经排除了一些桌子大小组合，但是解决这个问题的通用方案还没找到。所以，如果连从古至今的专业数学家都在为这个问题而奋斗，你还有可能找到一个解决你座位问题的方法吗？

顺序很重要！

数学家经常谈论排列和组合。有什么区别呢？在排列中，所选的对象顺序很重要，于是选择A，然后选B，最后选C，这与先C、后B、再A是不同的。然而在组合中，顺序并不重要，因此先A、后B、再C就等同先C、后B、再A。如果我在书店的五本书中选择三本，我选择它们的顺序不会影响我最后的购买，所以这是一个组合。我回到家，把它们放在书架上时，我可以用不同的顺序摆放它们——而我选择的顺序就是一种排列。有趣的是，从数学的角度考虑，我们所说的“密码锁”，其实名字起错了。顺序很重要——你不能只选择正确的数字；它们还必须在正确的顺序中——所以它确实应该被称为“排列锁”。

答案是肯定的，只需要借助一个电子朋友的帮忙。但首先，你需要评估所有客人的关系。你可以通过创建一个包含所有客人的表并给每个客人打分来实现这一点。给互不认识的人打个0分；给彼此认识的人打1分；然后，给夫妻或情侣打50分，确保他们能坐在一起；给合不来的人打－50分，表明他们不能坐在同一张桌子上。你当然不希望来自情报界敌对派系的朋友感到尴尬。你也可以给别人打分以此表示亲疏关系等。分数表的部分示例如下所示。

	A	B	C	D	E
A	×	50	0	0	1
B	50	×	0	0	1
C	0	0	×	50	−50
D	0	0	50	×	−50
E	1	1	−50	−50	×

A 和 B 是一对夫妇，A 是新郎的兄弟。C 和 D 男女朋友关系，D 是新娘的堂兄弟。E 是新郎的姑姑，过去常和 D 约会，而他们的恋爱无果而终。这个表被称为连接矩阵（矩阵是一个数学名词，是排列为矩形的数组的数字）。

一旦你把所有客人的分数都算出来了，接下来的工作就是看看每一种可能的座位安排。然后把每张桌子上所有人的相对分数加起来，看看哪种排列总分最高。如果上面例子矩阵中的五位客人坐在一起，他们的得分为 2——夫妇 A 和 B、情侣 C 和 D 的两个 50 分被 C 和 D 与 E 坐一起产生的 −50 分相抵。剩下的两个只得 1 分，因为 E 认识 A 和 B。

为了评估计算一个可行的座位安排需要多少时间，知道有多少可能的座位安排也许有所帮助。要算出这个，你需要知道来宾总人数（n）和每个桌的座位数（t）。我们假设所有的桌子大小相同，并且都是满座。

你有 104 位客人，你要让他们坐在 8 人桌。如果你让他们随机坐，那么第一个座位有 104 个选择，第二个 103 个，第三个 102 个，依次类推。这意味着第一个张桌子的选择的数量将是：

$$104 \times 103 \times 102 \times 101 \times 100 \times 99 \times 98 \times 97 = 10{,}385{,}445{,}095{,}625{,}600$$

仅仅是第一张桌子，就有超过 10 万亿种的排列顺序！如果你把所有 13 张桌子都排一遍，你会得到一个非常大的数字——1 后面跟着 166 个 0。不过，有些座位安排是相同的，因为如果你把同样的 8 个人按不同的顺序安排在一张桌子上，你实际上还是得到相同的一桌人。你可以用 40,320 种方式安排 8 个人，因为第一个人有 8 个座位可选择，第二个人有 7 个座位，以此类推：

$$8\times7\times6\times5\times4\times3\times2\times1=40,320$$

数学家对上面所示的这种计算有一种简写，叫作阶乘符号。使用 n！的意思是把从 1 开始的正整数相乘，一直乘到 n。上述等式等号左边的计算可以写成 8！。

因此，第一张桌子有 10,385,445,095,625,600÷40,320=257,575,523,205 种选择。仅仅是 2,570 多亿种方式嘛！数学家们有一种简写方法来解决这种组合问题：${}^{n}C_{r}$，其中 n 是你有多少事物可选的数量（在我们的例子中是婚礼宾客），r 是你选择的数字。${}^{n}C_{r}$ 公式为：

$${}^{n}C_{r}=\frac{n!}{(n-r)!\times r!}$$

让我们用刚刚推导出的公式来测试一下。104 个人中选 8 个人，即 $n=104$，$r=8$：

$${}^{104}C_{8}=\frac{104!}{(104-8)!\times 8!}$$

得到：

$${}^{104}C_{8}=\frac{104!}{96!\times 8!}$$

估算得到：

$${}^{104}C_{8}=257,575,523,205$$

果不其然。

您可以看到，即使只是一张桌子，涉及的数字也是惊人的。接下来你打算怎么做？这时候，该你的电子朋友——电脑——发挥作用了。有各种各样的商业软件可以处理这类问题，这些都是所谓的线性规划软件。这类软件可以用于各种各样的场合，比如企业试图计算出应该给每个产品什么样的定价才能实现利润最大化。甚至有些婚礼策划者也会使用这种软件来解决你现在所处的困境。

2012年，美国普林斯顿大学的两位学者梅根·贝洛斯（Meghan Bellows）和卢克·彼得森（Luc Peterson）用这种方法为107位客人制定了10张桌子的座位安排。他们的电脑花了36小时计算每种组合的分数。显然，电脑所给的解决方案最后还是要稍加调整才行——当然，最后的决定权是丈母娘的。

现在有了奇妙的线性编程，你可以让计算机尝试每一种组合，并将来自连接矩阵的分数相加。得分最高的组合让卧底们分席而坐，这将是你婚礼最好的座位安排。你很高兴完成了这份工作，于是开始着手进行一项棘手的任务：写一篇不会引发国际事件的婚礼发言稿。

第17章

煮蛋方程式

你给一位有钱的非洲商业领袖做私人厨师。你非常喜欢这份工作，你会花好几个小时，用尽所有非洲高级原料，研究既营养又美味的食物。但是对她最近鸡蛋加烤面包的要求，你感到有点困惑。她的家人从英国赶来，她让你煮一个流心鸵鸟蛋当作生日早餐。蛋要煮多久？蛋没熟或过熟都会让老板失望，而你恐怕就得另找工作了。

热量是分子自由振动产生的。分子振动越强烈，获得能量越多，温度就越高。热量传递有三种基本方式：传导、对流、辐射。

传导源自接触：夏天用手摸车，车身的分子振动，使得手上的分子振动。对流是指热的液体或气体从一个地方移动到另一个地方：家中的散热器应称为对流器，加热周围的空气，使得热空气在房间内移动。辐射是指像太阳这样的热物体发射出光子，光子传播，撞击像地球这样的物体，让分子振动从而变暖。

不同的物质传递热量的方式有所不同。我们知道金属导热快，因此用它们来制作炊具。木头导热慢，所以经常把木柄固定在金属锅上，方便拿起锅来。

热量总是从温度高的物体传向温度低的物体。我们以为的“变冷”实际上是热量从我们（热的）身体传向（冷的）环境。温差越大，热量的流动就越大。若热量流动充足，就能使分子重新排列。例如，冰融化或水变成蒸汽。一枚新鲜的蛋配合适当的热传递，就可以把蛋白质分子变成固体。如果时间准确，我们可以在整个蛋凝固之前停止加热，流心蛋就做好了。要做出一个好的流心鸵鸟蛋，需要将蛋清一直加热到 63 摄氏度。在这个温度下，蛋黄热了，但依然可以流动。

要弄清楚如何加热鸵鸟蛋，需要了解几个关键概念。

比热容是将 1 千克物质加热 1 摄氏度所需的能量。我们在第 9 章中了解了卡路里的概念。将 1 千克水加热 1 开氏度需要 4,184 焦耳，所以水的比热容是 4,184 焦 /（千克・开）。水是比热容最高的物质之一。相比之下，钢的比热容约为 490 焦 /（千克・开），比水的十分之一略高，也就是说将水增加 1 开氏度的能量可以将钢增加 10 开氏度。

第 7 章和第 10 章简要地提到了密度，它是一种衡量物质质量的指标。1 立方米水的质量是 1,000 千克，密度是 1,000 千克 / 米 ^{3}。钢的密度大约是水的 8 倍，而轻木的密度大约是 200 千克 / 米 ^{3}。奇怪的是，冰的密度是 917 千克 / 米 ^{3}，这就解释了冰为何会浮在水上——密度小的物质会浮在密度大的物质之上。蛋清和蛋黄的密度与水差不多，分别为 1,038 千克 / 米 ^{3} 和 1,032 千克 / 米 ^{3}，因此鸡蛋在水中会下沉。

控制温度

大多数人使用摄氏温标表示温度，它以水在 0 摄氏度结冰，100 摄氏度沸腾为标准。有的人（尤其美国人）使用华氏温标，它以盐溶液在 0 华氏度结冰为标准。（有人说）丹尼尔 · 华伦海特（Daniel Fahrenheit，即华氏温标的发明者）妻子的腋下温度是 90 华氏度。然而，科学家和工程师更喜欢使用绝对温标——开尔文温标，即开氏温标，实际上它测量的是一种物质所含的热能。一种物质在 100 开时的热量是在 50 开时的两倍。绝对零度（0 开）意味着无任何振动，−273.15 摄氏度是理论上可能达到的最低温度。外太空的温度大约是 3 开。摄氏温标上的每一度都对应着 1 开。

传导性是热量在鸵鸟蛋中传递的主要方式。导热系数是一种衡量物质导热程度的指标，人们将它定义为每 1 开氏温度差每秒通过 1 米厚材料传递的热量。绝缘体的导热系数很低。空气是一个很好的绝缘体，导热系数为 0.026 瓦 / 毫开，因此我们经常使用空气层作为绝缘体。最好的绝缘体是真空，由于无介质，因此不传导热量。这对航天器来说是个问题，在真空中只能向太空辐射热量，无法传导热量。导体有很高的导热性：铜是锅碗瓢盆常用的材料，其导热系数大约是 384 瓦 / 毫开。更好的导体是钻石，其导热系数大于 1,000 瓦 / 毫开。但用来制造炊具就有点贵了。

煮蛋的方程涉及许多复杂的几何和热力学。这个方程非常复杂，有点像头野兽：

$$时间=\frac{c}{\pi^2 k}\times\sqrt[3]{\frac{9M^2\rho}{16\pi^2}}\times\ln\left(0.76\times\frac{T_{\mathrm{e}}-T_{\mathrm{w}}}{T_{\mathrm{y}}-T_{\mathrm{w}}}\right)$$

虽然非常复杂，但使用时只需代入数值即可，这完全在你的数学能力范围之内。

首先，我们在第 12 章中遇到一种对数的特殊形式 ln。自然对数 ln 是以 e 为底的对数；e 略大于 2.7，与 π 一样，是无理数，是个无限不循环小数。ln 和 e 在科学计算器上都有自己的按钮，所以使用时非常容易。

该公式由埃克塞特大学的物理学家查尔斯·威廉姆斯（Charles Williams）博士推导。最初是用来计算煮鸡蛋的时间的。一个鸵鸟蛋大约相当于 24 个鸡蛋，它所含的热量足以维持一个成年人一整天的消耗。虽然鸵鸟蛋壳比鸡蛋厚六倍，但这一理论也是适用的。

除了需要一个锤子和凿子打开它之外，要是把这更厚的壳考虑在内，你可能还希望多煮一会儿。烹饪不仅是一门科学，更是一门艺术！代入下列数字：

c 为蛋白的比热容：3,700 焦 /（千克·开）。

k 为蛋清的导热系数：0.34 瓦 / 毫开。

M 为蛋的质量：1.4 千克。

ρ 为蛋清的密度：1,032 千克 / 米^3。

T_e 是鸵鸟蛋在烹饪前的温度：20 摄氏度，也就是 293 开。

T_w 是煮鸵鸟蛋的水的温度：100 摄氏度，也就是 373 开。

T_y 是希望蛋黄达到的温度：63 摄氏度，也就是 336 开。

由此得出：

$$\text{时间}=\frac{3,700}{\pi^2 0.34}\times\sqrt[3]{\frac{9\times14^2\times1,032}{16\pi^2}}\times\ln\left(0.76\times\frac{293-373}{336-373}\right)$$

将数据输入计算器，得到：

$$\text{时间}=5,366\times\ln(1.643)$$

$$\text{时间}=2,664\,(\text{秒})(\text{取整到最接近的 1 秒})$$

你对计算结果感到很满意，正要着手准备起来。但是，你那善变的老板决定在乞力马扎罗山的山顶开派对。那么你的精心计算还奏效吗？

沸腾是物质从液体变为气体的复杂过程。沸腾所需的温度取决于大气压强。一锅水中，一旦水分子有足够的能量离开其他分子，就必须挣扎着飞到空气中。空气越多，越难做到这一点。乞力马扎罗山海拔 5,895 米，气压低于海平面，水更容易沸腾。因此得出，海拔越高，沸点越低。在 5,895 米高度，水在 93.7 摄氏度沸腾。那么应如何改变烹饪时间？ T_w 变为 93.7 摄氏度，也就是 366.7 开，得出：

$$时间 = 5,366 \times \ln(1.824)$$

$$时间 = 3,225\ (秒)(取整到最接近的\ 1\ 秒)$$

差不多 54 分钟，比第一次计算的结果多了近 10 分钟，你可能绝对想不到，仅仅 6.3K 的温差，就能造成这么大的差异。幸亏，直升机可以把你送到山顶！你小心地打包户外烹饪器材，希望不要出现还没等开始煮，直升机的震动就把蛋震碎的情况。

低温冻死

工程专业面试中一个常见的问题是，你的飞机在北极的冰面上坠毁。这里 –20 摄氏度，没有一个幸存者的衣着能抵御这样的寒冷。这时有人想起水不可能低于 0 摄氏度，否则会变成冰。那么，你应该跳进水里保暖吗？这么想表面上合乎逻辑，毕竟，水的温度更高。但答案是否定的，因为导热系数的缘故。水的导热系数是空气的 20 多倍。虽然空气更冷，但水的散热效率也会提高 20 倍。因此，你的身体（37 摄氏度）与空气的温差是 57 摄氏度，是身体与海水温差的 1.5 倍。但水的高传导性所起的作用要远远超出温差这一因素，所以说跳进水中是更致命的选择。懂得了这一点，我们也就明白了，为什么泳池和空气的温度都是 27 摄氏度，在大热天我们依然很喜欢跳进泳池。

考虑到蛋壳较厚，你需要煮整整 1 小时。接着，你开始烤面包、抹黄油，切开蛋壳。你成功地做出一个可爱的流心蛋黄。老板很开心，你的工作也保住了。

第18章

电力乌托邦

你取得了科学上的突破，即将改变世界。到目前为止，人类不得不付出巨大的努力来生产能源。我们需要的主要能源是电，而你已经有了一系列的发现，可以让你直接把物质转换成电。这将从根本上结束对燃料的需求，对从食物到手机等几乎所有产品的生产和运输成本将产生巨大影响。当能源变得便宜又清洁时，气候变化将会逆转。与石油价格息息相关的金融体系，将随着全球贫困形势有所缓解而发生天翻地覆的变化。这个新的乌托邦全要归功于你那崭新的机器。如果人类目前每年消耗 600 万亿焦耳的能量，你需要多少物质来代替呢?

$E=mc^2$ 是很多人都引用过的公式，但很少有人能解释其中原因。该公式源于爱因斯坦等人对相对论的研究。从基本的概念来说，该公式表明质量和能量是一回事。虽然这个由三个字母组成的公式看起来很简单，但它对我们宇宙的运行方式有着深远的影响。

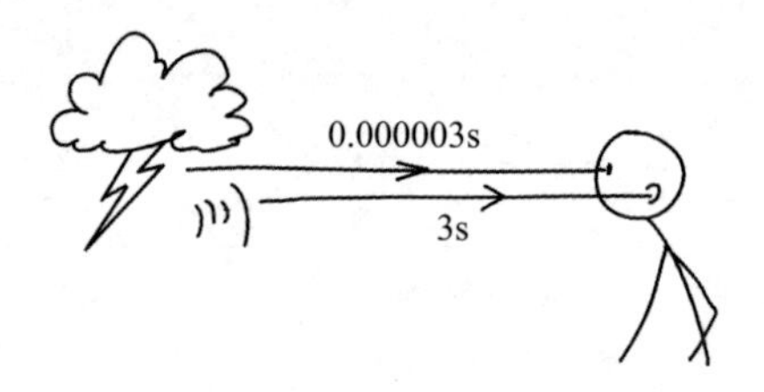

在该公式中，E 代表能量，单位是焦耳；m 代表质量，单位是千克；c 代表光速，单位是米/秒。让我们先重点看看 c。我在第 2 章中提到过，真空中的光速是我们宇宙的速度极限。没有什么能比光在真空中传播得更快。它的传播速度确实非常非常快——每秒几乎 3 亿米——快到足以让我们感觉到光在瞬间就能传播到任何地方。光速的大小在这个方程中起着很重要的作用，所以让我们看看光速的一个例子来代入情景。

在一个雷电交加的夜晚，你看到远处有一道闪电一闪而过。你开始数秒：一、二、三，然后就听到轰隆隆的雷声。声音在空气中以每秒三分之一千米的速度传播，所以你数的三秒意味着闪电产生之处离你 1 千米远。光在空气中传播的速度和在真空中传播的速度差不多，所以用时间 = 距离 ÷ 速度：

$$时间 = 1,000 \div 300,000,000$$

$$时间 = 0.000003\text{s}$$

这是百万分之三秒。对于人类所能感知到的最小时间间隔，人们争论不休，观点各异，但即使是最快的情况，也只能达到千分之一秒。不过，如果物体非常远，你看到它的光就会发生很明显的延迟。如果距离太阳最近的恒星——比邻星（Proxima Centauri），有一天发生爆炸，我们在地球上要 4 年后才能看到。当你看夜空中的星星的时候，你看到的其实是过去的景象。事实上，你用肉眼可能看到的最远的“恒星”很可能是一个星系。仙女座星系离我们有 200 万光年远，所以你看到的光实际上是在地球上第一批直立人离开非洲的时候从该星系传播过来的。

爱因斯坦推断，如果物质和能量是等价的，那么任何东西，要是能增加一个物体的能量，也会增加其质量。能量分很多种——运动产生的动能，高处产生的重力势能，受热产生的热能，充电产生的电能，这些只是其中的若干例子。大多数时候，这些东西的质量增加是可以忽略不计的。爱因斯坦的公式帮助我们计算物体的静质量，这意味着该物体本身所含的能量，而除去它可能拥有的所有其他各种能量。

当一个物体获得能量时，比如开始运动，它获得的能量使它本身变得更重。大多数时候，对于任何移动速度小于光速 10% 的物体——也就是 3,000 万米 / 秒——质量的增加是可以忽略不计的。我们速度最快的飞行器，即 NASA 的帕克太阳探测器，将达到最高速度 20 万米 / 秒，所以即使是太空探索者也不必担心这个因素。

唯一能以光速运动的是那些一开始就没有质量的东西，比如光子。光子是电磁辐射的最小单位，也是光的组成部分。它们的静质量是零，但很明显它们具有能量，这是由于它们的速度。

爱因斯坦的方程意味着，无论是水、奶酪，还是整个冥王星或星系空间的尘埃，每 1 千克的物质都有这么多能量：

$$E=1\times300{,}000{,}000^2=90{,}000{,}000{,}000{,}000{,}000\ \text{焦}$$

这个能量很大。核电站的工作原理是，在裂变过程中，一个重原子核分裂成两个或两个以上的轻原子核，产物的质量比原始粒子的质量要小。质量差就被转化为能量，其中有一些能量产生了热量，然后我们就用这些热量来发电。太阳的运作方式正好相反。聚变的过程将两个较小的原子核（氢[1]）结合在一起，形成一个较大的原子核（氦）。氦的质量没有两个氢的质量加起来的大，因此能量便释放了出来，其中一些能量变成了热和光，使地球上所有的生命得以生存。

即使在这些核反应中，也只有很小一部分的质量被转化为能量。在广岛爆炸的原子弹中，只有 0.7 克的铀转化为能量，但这相

❶ 核聚变中使用的是氢的两种同位素氘和氚。——编者注

当于 15,000 吨 TNT[1] 爆炸当量。

太阳每秒将 5 亿吨质量转化为能量。这远远超过广岛原子弹爆炸所释放出的能量。

无论如何，所有这些关于核弹的讨论听起来不是很环保，而且，你想把所有的质量转化为能量。这有可能吗？

嗯……从理论上说，这是可能的。宇宙中除了存在物质之外，还存在有另一种叫作反物质的东西。每一个存在的物质粒子都有一个邪恶的反物质孪生兄弟。

为什么说它邪恶呢？好吧，如果一个物质粒子遇到了相应的反物质粒子，双方就会相互湮灭抵消——所有的质量转化为其他形式的能量，通常情况下是能量很高的光子，我们称之为伽马射线。即使物质和反物质不是同一种类型的粒子，相对较轻的粒子的质量仍然会发生湮灭。

反物质每时每刻都因粒子衰变这种自然反应而产生。我们在正电子发射断层扫描（Positron Emission Tomography）中利用了这一点。这是一种医学成像技术，将能产生正电子（电子的反物质形式）的放射性物质注入人体中，而因为正电子与电子的湮灭可以被机器识别，然后形成病人体内的图像。

---

[1] 一种强力炸药。——译者注

反物质香蕉

你可能听说过香蕉是钾盐的极佳来源，而钾盐是人体用来调节体液及水合作用的物质。香蕉是一种健康的食品，因为它对防止抽筋很有好处。然而，有一种钾叫作钾 –40，它具有轻微的放射性。钾 –40 发生衰变时，其中一种产物是正电子。反物质。每 1 万个钾原子中才有 1 个是钾 –40，但这仍然意味着香蕉平均每 75 分钟会产生一个正电子。

回到解决世界能源危机的问题上来。目前，人类所消耗的 600 万亿焦耳，即 600,000,000,000,000 焦耳，其中 80% 以上的能量仍然是从化石燃料中获得的。英文 terajoule（万亿焦耳）的前缀“tera”源自古希腊的怪物。在这个语境中，这个前缀简直太合适不过了。利用爱因斯坦的公式，你可以计算出需要多少质量：

$$E = mc^2$$

方程两边同时除以 c^2，得到关于质量的方程：

$$m = \frac{E}{c^2}$$

把 $E=600,000,000,000,000$ 和 $c=300,000,000$ 代入方程：

$$m = \frac{600,000,000,000,000}{300,000,000^2}$$

分母做平方运算，得到：

$$m = \frac{600,000,000,000,000}{90,000,000,000,000,000}$$

化简分数，得出：

$$m = \frac{1}{150}$$

所以，使用你的发明，每年只需一百五十分之一千克（少于7克）的物质，就能为全世界提供能量。与我们消耗的150亿吨化石燃料相比，这似乎微不足道。这就是反物质的力量！

为什么我们还没有使用它呢？有以下几个原因。首先，它很难存储。由于前面提到的湮灭作用，你不能把反物质放在任何普通物质中。磁场可以使带电粒子在真空中悬浮，但只有最小的一些粒子能够在此情况下带电并悬浮。其次，如果你把人类曾经设法制造出的所有人造反物质称量一下的话，其质量顶多不过十亿分之几克。

所以你那不可思议的发明需要有办法获得且储存反物质，需要能将所有从湮灭中产生的能量转化为一种有用的能量形式，比如电，然后才能将其储存起来。要是这些都能发明出来，那可就太了不起了！假设你能制造出这样一个东西，它将改变世界，也许还能让我们去其他行星和恒星旅行。所有这些都是因为一个只有一百多年历史的方程式。

术语表

c	用来表示光速的字母
e	近似等于 2.71828 的数学常数
g	地球表面的重力加速度，约为 9.81 米 / 秒 ^{2}
G	定义有质量的物体如何通过引力相互吸引的引力常数
μ	希腊字母，用来表示摩擦系数，两表面之间的摩擦的量度
π	希腊字母，用来表示圆的周长除以直径，大约等于 3.14
ρ	希腊字母，用来表示密度
凹多边形	有一个或一个以上大于 180° 内角的多边形
百分数	以 100 为分母的分数
半径	从圆心到圆周的线段或该线段的长度
半球	球体的一半
比热容	使质量为 1 千克的物质温度升高 1K 所需要的能量
表达式	由数学符号、数字和字母所构成的组合
不等式	与等式类似，但比较表达式的值的相对大小
乘积	若干数相乘的得数
弹道学	对抛体运动的研究
导电性	一种物质传热能力的量度
等式	用等号连接两个表达式的数学表述
动能	物体因高速运动而产生的能量
对角线	连接多边形两个角的直线
对数	幂和指数的逆运算
多边形	各边为直线的平面图形，如三角形和四边形等
二次方程	一种未知数的最高次幂是 2 的表达式或方程式
分母	分数线下面的数
分子	①分数线上面的数 ②由两个或多个原子结合而成的粒子
开方	求一个数的方根的运算，是乘方或幂运算的逆运算

续表

公式	用数学写来辅助计算的科学理论
功率	在一定时间内消耗的能量
光年	光在一年内所走的距离
轨道	卫星运行的路径
轨迹	抛体的运动路径
合力	作用在物体上的所有力的净力
合数（合成数）	有两个以上因数的正整数
弧	圆周的一部分
华氏度	以人体温度测量为基础的温标
化简	分数的分子和分母除以公约数
级数	一种各项相加的数学序列
加速度	物体在一定时间内速度的变化
焦耳	能量单位
阶乘	小于和等于该数的所有正整数的乘积，例如 $4!=4\times3\times2\times1$
矩阵	一组矩形排列的数字
卡路里	食物热量的量度
开尔文	一种测量物体热能的绝对温度单位
拉力	由拉的动作引起的力
菱形	边长相等的平行四边形
幂	指数运算的结果
密度	物体的质量除以它的体积
面积	一个物体形状所占二维空间的大小
秒差距	天文学家使用的长度单位，约合 31 万亿千米
摩擦力	物体或表面摩擦产生的力
内角	多边形相邻两条边组成的角
排列	将元素进行分组，其中元素的顺序很重要
抛物线	抛体运动的路径和二次方程曲线图的形状
平方根	平方的逆运算
平行四边形	两对边相等的四边形
球体	一个球所占用的空间

续表

取整运算	一种总是四舍五入到最接近的整数的数学过程
扇形	由一个圆弧和两个半径围成的圆的一部分
摄氏度	以冰的熔点和水的沸点为基础的温标
四边形	有四个边的多边形
梯形	一组对边平行的四边形
体积	物体所占三维空间的大小
抛体	以特定的速度和角度发射或投掷的物体，其轨迹只受重力的影响
凸多边形	内角都小于 180° 的多边形
椭圆	形状类似鸡蛋的二维曲线
卫星	绕另一个天体运行的天体
五边形	有五个边的多边形
亚原子粒子	比原子小或组成原子的粒子
因式分解	在表达式中引入一组括号
因数	一个能除尽另一个数且无余数的数
引力（重力）	使有质量的物体互相吸引的力
原子	物质的最小单位
展开代数式	乘以一组括号外的数
真空	完全虚空的空间
筝形	两组邻边分别相等的四边形
直径	通过圆心的线段或该线段的长度
指数	表示重复乘方运算次数的一个数
质量	衡量一个物体由多少物质组成的量度
素数	只有两个因数的正整数
重力	一个有质量的物体作用在另一个物体上的力
重力势能	有质量的物体因重力作用而拥有的能量
周长	①一个平面图形的外缘或环绕平面图形的区域边缘的长度 ②圆的一周的长度
自然对数	以 e 为底的对数
组合	将对象进行分组，而对象的顺序并不重要